创造力

郑毓煌　蒋昆熠◎著

Creativity

清華大學出版社
北京

内 容 简 介

《创造力》是郑毓煌教授在创造力领域的集大成之作，不但深入探讨了他在创造力领域获国家级荣誉的原创研究，也归纳了创造力领域国内外的各种经典和前沿理论，还总结了提升创造力的各种具体方法和策略。书中不仅探讨了创造力是否与生俱来，还告诉你如何测量创造力和提升创造力。书中通过丰富的实验和案例，如爱因斯坦的凌乱办公室、居里夫人的叛逆精神、爱迪生的辍学经历等，分析了环境、个性、社会因素等对创造力的影响。此外，书中还涉及了如校服、咖啡馆环境、颜色等看似日常却能激发创造力的因素，以及如何在日常生活中培养孩子的创造力。

本书还写了许多高创造力人才的故事，他们既包括牛顿、爱因斯坦、富兰克林、达尔文、居里夫人、爱迪生、特斯拉、莱特兄弟、图灵等人类历史上伟大的科学家或者创造者，也包括乔布斯、马斯克和黄仁勋等致力于创新的伟大企业家。本书通俗易懂，生动有趣，适合所有希望提升个人创造力、培养孩子创造力，以及对创新感兴趣的读者，无论是学生、教育工作者、企业管理者、职场人士还是普通大众，都能从中获得启发，开启创造力提升之旅。

图书在版编目（CIP）数据

创造力 / 郑毓煌，蒋昆熠著. -- 北京 : 清华大学出版社，2025. 7（2025.8重印）.
ISBN 978-7-302-69948-4

Ⅰ. G305

中国国家版本馆 CIP 数据核字第 20258MJ564 号

责任编辑：杜春杰
封面设计：刘　超
版式设计：楠竹文化
责任校对：范文芳
责任印制：杨　艳

出版发行：清华大学出版社
网　　址：https://www.tup.com.cn，https://www.wqxuetang.com
地　　址：北京清华大学学研大厦 A 座　　**邮　　编：**100084
社 总 机：010-83470000　　**邮　　购：**010-62786544
投稿与读者服务：010-62776969，c-service@tup.tsinghua.edu.cn
质量反馈：010-62772015，zhiliang@tup.tsinghua.edu.cn
印 装 者：涿州汇美亿浓印刷有限公司
经　　销：全国新华书店
开　　本：155mm × 230mm　　**印　　张：**16　　**字　　数：**146 千字
版　　次：2025 年 8 月第 1 版　　**印　　次：**2025 年 8 月第 2 次印刷
定　　价：79.00 元

产品编号：113686-02

前　言

2025 年 3 月，我当时在美国，波士顿还是冰天雪地的景象，我却愿意经常开车到麻省理工学院（Massachusetts Institute of Technology，MIT）的图书馆撰写《创造力》这本书。之所以选择在 MIT 的图书馆里写这本书，有两个原因：（1）致敬 MIT；（2）寻找创作的灵感。因为，MIT 是全球最有创造力的大学之一！

就在 2024 年 10 月，MIT 增加了 3 位诺贝尔奖得主，其中包括 2 位诺贝尔经济学奖得主：达隆·阿西莫格鲁（Daron Acemoglu）和西蒙·约翰逊（Simon Johnson），以及 1 位诺贝尔生理学或医学奖得主维克托·安布罗斯（Victor Ambros）。MIT 也成为 2024 年全球诺贝尔奖得主最多的大学。截至 2024 年 10 月，MIT 校园里一共走出了 104 位诺贝尔奖得主！而在 2024QS 世界大学排名中，MIT 力压哈佛大学、斯坦福大学、普林斯顿大学等其他名校，位列全球第一。

MIT 的创造力不仅表现在教授们的原创研究方面，还体现在其培养出来的学生身上。根据最近公布的一份研究——“创业影响：麻省理工学院的作用”，MIT 校友创建的公司，其总体年度世界销售额估计至少 2 万亿美元，这相当于世界上第十一大经济体的经济总量，真是不可思议！

MIT 校友的创新创业能力的培养或许离不开 MIT 独特的校园文化。MIT 学生以善于恶作剧闻名世界。例如，1962 年万圣节时，MIT 的学生把大穹顶装扮成了大南瓜；1994 年的某一天，MIT 学生将一辆警车“停”在了穹顶之上。MIT 校方对这些恶作剧不但很宽容，甚至把那辆警车永久展示在校园的一堵墙上，成为每个去 MIT 参观的人必打卡的景点。

相比之下，国内大学在诺贝尔奖得主和创新创业等高创造力人才培养方面，迄今仍然表现不佳。2005 年，时任总理温家宝看望钱学森，钱学森对中国的教育和科技发展提出更高期待：“现在中国没有完全发展起来，一个重要原因是没有一所大学能够按照培养科学技术发明创造人才的模式去办学，没有自己独特的创新的东西，老是‘冒’不出杰出人才。这是很大的问题。”这就是著名的钱学森之问：“为什么我们的学校总是培养不出杰出的科技创新人才？”

尤其是，人工智能技术今天正在普及，与机器的人工智能相比，人类的竞争力越来越弱。2016 年，人类智慧和人工智能的对决在世界各地掀起了对人工智能空前的关注热潮——谷歌 AlphaGo（阿尔法围棋）在与围棋世界冠军李世石的人机大战中，最终以 4∶1 赢得胜利。AlphaGo 是一款围棋人工智能程序，由谷歌 Deep Mind 团队开发。AlphaGo 将几项技术很好地集成在了一起：通过深度学习技术学习了大量的已有围棋对局，一天 24 小时不断应用强化练习，最终将人类顶尖棋手打败。

类似地，2024 年 7 月，百度公司的“萝卜快跑”无人驾驶出租车在国内引起了巨大争议。随着无人驾驶技术的成熟，无人驾驶汽车完全可能在不远的将来抢了数百万出租车和网约车司机的饭碗。2024 年 6 月，我在北京第一次体验了华为问界 M9 的智能驾驶。我发现自己无须操作方向盘、油门和刹车即可轻松“开”车绕清华大学校园一圈大约 8 千米，当时真的被震撼了。2025 年 3 月这一次来波士顿，我几乎每天都用特斯拉的自动驾驶（Full Self Driving，FSD）往返于住处和 MIT 之间，无论是白天的高速公路，还是夜晚的乡间小路，抑或在可见度很低的雨雪天气里，特斯拉的自动驾驶都可以轻松胜任，真的不可思议。

面对 AlphaGo 和无人驾驶 / 自动驾驶汽车这样不需要吃饭、睡觉、休息的人工智能对手，我们不由得会思考：人类的竞争力在哪里？人类跟机器拼知识或者体力是毫无优势的，这就像你跟飞机比谁更快，跟火车比谁能跑更远。那么，未来我们拼什么？答案就是创造力。创造力，就是人类最核心的、不可替代的竞争力。

因此，如果你希望提高自己在人工智能时代的竞争力，或者希望培养孩子的创造力，那么欢迎你阅读我写的这本新书——《创造力》。很多人以为我是一个营销学者，认为我的研究对象一定是企业。其实，在市场营销学科里，最大的研究领域是消费者心理和行为，研究对象是消费者，研究方法是心理学里的实验法。这一点其实很好理解。毕竟，在企业的营销实践中，洞察顾客至关重要。消费者究竟如何进行决策？消费者的决策究竟有什么规律？如果连这些都不知道，企业如何能做好营销？在过去几十年里，无数的行为经济学、消费者心理和行为学等领域的研究者都对此进行了研究，有些研究成果还获得了诺贝尔经济学奖。例如，2002 年，普林斯顿大学的心理学家丹尼尔·卡尼曼（Daniel Kahneman）教授就凭借“把心理学研究和经济学研究结合在一起，特别是与在不确定状况下的决策制定有关的研究”而获得诺贝尔经济学奖。2017 年，芝加哥大学商学院行为决策研究中心主任理查德·塞勒（Richard Thaler）教授也凭借在心理账户理论等消费者行为学和行为经济学方面的重大贡献而获得诺贝尔经济学奖。

2008—2024 年，我在清华大学任教并长期担任博士生导师，创造力是我研究的重要领域之一。在此期间，我和我指导的多位博士生一起完成了一个关于创造力的国家自然科学基金项目“个体创造力：影响因素、深层机制及管理启示”（项目号：71472107），并在项目结题时获得了国家自然科学基金委员会结项评估的最高荣誉——“优”。因此，我一直有一个愿望，就是把国内外创造力领域的众多优秀研究成果写到一本书里，以传播给更多人，帮助每个人（特别是孩子）提高创造力，从而让中国能有更美好的未来。

在这本书里，除了介绍创造力领域的诸多研究成果，我还写了许多高创造力人才的故事，他们既包括牛顿、爱因斯坦、富兰克林、达尔文、居里夫人、爱迪生、特斯拉、莱特兄弟、图灵等人类历史上伟大的科学家或者创造者，也包括乔布斯、马斯克和黄仁勋等致力于创新的伟大的企业家。

这本书能够问世，首先我要感谢国家自然科学基金的资助和学术界各位同人的支持。其次，我要感谢本书第二作者蒋昆熠的帮助——她帮我整理了大量创造力研究领域的经典文献，为这本书最终完稿做出了重要贡献。最后，我要感谢清华大学出版社杜春杰、郭毅等同人的大力支持，让本书以最快的速度出版上市，以帮助千千万万对创造力感兴趣的人。

接下来，就让我们一起开启神秘的创造力提升之旅吧！

郑毓煌 博士

2025 年 3 月

于麻省理工学院

注：欢迎关注作者郑毓煌教授的微信公众号“郑毓煌”，并回复关键词“创造力”，即可为自己或孩子进行免费的创造力测试。

目　录

第一章　创造力是天生的吗? 1

创造力是人类社会前进的推动力 3

创造力真的就是天生的吗? 5

如何测量创造力? 7

牛顿：宇宙法则的破译者，科学革命的奠基人 14

本章小结 20

第二章　书桌很乱？这或许并非坏事 21

爱因斯坦的办公室很乱? 23

报纸实验 24

RAT 实验 27

乒乓球实验 29

奶昔实验 31

达尔文：进化论的奠基者与科学革命的先驱 33

本章小结 38

第三章 不守规则？或许这比循规蹈矩好 39

蜡烛难题 42

作弊实验 46

叛逆型天才 48

叛逆程度实验 50

权利感知实验 52

天才们容易狂傲放纵 55

居里夫人：科学苍穹下的创造力先驱 56

本章小结 63

第四章 社会拒绝？不要怕 65

梭罗与瓦尔登湖 67

社会拒绝 69

独立 vs 依存 71

努力培养孩子的独立性 73

辍学创业，却成为商业领袖 74

爱迪生：从被学校开除的孩子，到点亮世界的发明之王 77

本章小结 84

第五章 学生是否应该穿校服？ 85

什么工作需要穿统一服装？ 87

校服实验 88
水果实验 91
服装实验 93
颜色实验 94
多样性促进创造力 95
多重社会身份 96
尼古拉·特斯拉：从被遗忘的天才，到电力革命的先驱 99
本章小结 105

第六章 如果你爱他，就让他看看外面的世界 107

三毛在撒哈拉的故事 109
调查问卷：国外生活经历与创造力 111
相关关系与因果关系 112
回忆实验 114
适者生存：适应力提高创造力 115
出国留学也可以提高创造力？ 118
出国留学还有意义吗？ 121
跨国与跨文化恋爱 122
张爱玲的双文化视角 127
莱特兄弟：翱翔天际的创造力先驱 129
本章小结 135

第七章　天籁：咖啡馆里的你更有创造力　137

爱因斯坦的光速旅行声音　139

咖啡馆里的你为什么会更有创造力?　140

床垫实验　144

砖块实验　148

《哈利·波特》与咖啡馆　152

图灵：从一个孤僻孩子，到人工智能的先驱　154

本章小结　160

第八章　黑暗是我的眼睛，我却用它寻找光明　161

黎明前的晨光：打开世界的钥匙　163

外星人实验　165

找词游戏　167

实地光线实验　168

梵高：黑暗的房间是我的摇篮与子宫　170

乔布斯：从被亲生父母遗弃的孩子，到改变世界的商业领袖　172

本章小结　180

第九章　什么颜色有利于创造力?　181

普林斯顿高等研究院的蓝色湖水　183

蓝色能提高创造力吗?　185

进取动机与避免动机 188

玩具实验 191

克莱因蓝 192

马斯克：从南非的怪僻少年，到创新天才和世界首富 194

本章小结 204

第十章 创造力像一株野草 205

拼贴画创作实验 207

水罐实验：越想获得奖励，反而越容易失败 210

如何提高组织创新？ 212

三心二意或许并非坏事 215

柯达胶卷的思维定式 217

黄仁勋：从经常被霸凌的移民孩子，到 AI 时代的芯片教父 219

本章小结 226

参考文献 227

后记 231

联合出版人 234

十大金句 240

第一章

创造力是天生的吗?

世界上所有美好的事物都是创造力的果实。

——19 世纪英国伟大的哲学家和经济学家

约翰 · 斯图尔特 · 密尔（John Stuart Mill）

创造力是人类社会前进的推动力

大约距今 70 万年前，早期的人类——北京人已经知道保存和使用天然火，中国人的祖先从此走入了文明时代。要知道，在没有学会使用火之前，早期的人类和其他动物一样只能茹毛饮血。后来，人类学会钻木取火，从此火被用于烹饪（使生冷的食物成为较易消化的熟食）、照明、提供温暖、驱赶野兽等，同时火也使人类能够到气候较冷的地区定居。

唐朝，中国人首先发明了火药。火药也因此成为中国的四大发明之一。当时，中国术士很流行炼制号称“长生不老”的丹药，结果长生不老的丹药没有炼成，却意外发现了火药这个副产品。火药的出现改变了人类的战争模式，人类文明也因此取得了重大发展。

1679 年，法国物理学家丹尼斯·帕潘（Denis Papin）在观察蒸汽冒出自家的高压锅后制造了第一台蒸汽机的工作模型。与此同时，萨缪尔·莫兰（Samuel Morland）也提出了发明蒸汽机的设想。

1769 年，英国发明家瓦特（James Watt）成功研制了高效率蒸汽机，从而解放了更多人力，极大地提高了生产效率，被公认为是工业革命最重要的发明，人类也从此进入工业文明时代。

1752 年 6 月，后来成为美国开国元勋之一的本杰明·富兰克林（Benjamin Franklin）做了一个古今闻名的风筝实验：他与儿子在雷雨中放风筝，将空中的闪电吸引过来——在风筝线另一端捆绑了一把金属钥匙，于是金属钥匙与富兰克林的手之间产生一系列的电火花。后来的一个世纪里，电磁学蓬勃发展。例如，1876 年亚历山大·格拉汉姆·贝尔（Alexander Graham Bell）发明了电话，1879 年美国科学家托马斯·爱迪生（Thomas Alva Edison）发明了电灯，尼古拉·特斯拉（Nikola Tesla）发展并完成感应电动机、发现交流电……可以说，电力的发现与电灯的发明，开启了人类的第二次工业革命，人类也从此进入了现代文明。

回顾人类历史，我们可以看到社会前进的推动力就是人类的创造力。蒸汽机的发明让人类进入第一次工业革命，电力和内燃机的发明让人类进入第二次工业革命，而计算机和互联网的发明则让人类进入第三次工业革命。而现在，ChatGPT、无人驾驶 / 自动驾驶、机器人等各种人工智能技术正在蓬勃发展，方兴未艾。

未来，创造力会将人类带往什么样的世界？我们无法想象。

创造力真的就是天生的吗？

由于创造力对人类的重要性，自 20 世纪以来创造力一直是心理学的重要研究领域。在 1950 年的美国心理学年会上，吉尔福特（J. P. Guilford）在就任主席时发表了题为《创造力》（*Creativity*）的演讲，这被视为创造力研究史上的一个里程碑。然而，在之后的很长一段时间内，创造力一直被认为只是一种人格特质。当时心理学家们热衷于讨论创造力高的人群有哪些共同特征和相似的经历。例如，当时有学者定义创造力为“有创意的人最特别的那些能力”。后来，又有学者开始关注产生创意的过程。当人们针对一个问题苦思很久仍然没有进展，在某一刻灵光乍现，抓住这个问题最核心的特征以及它们与最终答案的关系，有一种茅塞顿开的感觉。这一突然领悟的时刻被称为“啊哈”效应，也就是创造力的产生。

那么，创造力真的就是天生的吗？生活经验告诉我们：当然不是。古语说：“小时了了，大未必佳。”北宋文学家王安石的《伤仲永》告诉我们，一个人（神童方仲永）即使天资聪慧，却由于在后天没有继续学习，最终“泯然众人矣”。反过来，许多人在小时候看起来天赋一般，并不是很聪明，最后却能够依靠不懈的努力实现弯道超车、成功逆袭。我在清华大学任教多年，看到很多清华的学生并非天生就是聪颖的，而是通过后天的不断努力，随着知识和见识的不断增长，才慢慢变得聪颖的。

到了 20 世纪 80 年代，创造力领域出现了一个全新的声音——美国心理学家、哈佛商学院教授特瑞莎·阿玛拜尔（Teresa M. Amabile）关于个体创造力受到后天环境影响的发现，将创造力研究带入新时代。这个声音后来成为新的主流。阿玛拜尔教授认为，在过去几十年的研究里，心理学家过分注重人格特质方面的差异，而忽略了社会因素和情境因素对个体创造力的影响。她对创造力进行了重新定义，赋予创造力一个概念性定义和一个操作性定义。

阿玛拜尔教授认为，对创造力的概念性定义是“一个作品或一个反应被评判为有创造性，应该同时具备两个必要条件：创新的和有用的。”一个天马行空的、并不能实际落地和解决问题的创新想法，她认为那并不是创造力。

那么，究竟该如何评判创造力呢？阿玛拜尔教授认为，要从独立的第三方视角去评判。由此，她又给了创造力一个操作性定义，即“一个合适的观察者独立地对一个作品或一个反应进行评判并认为它是有创意的，那么它就是创造性的”。

后来，其他学者进一步将创造力的操作性定义加以细化和丰富，提出创造力的子维度。例如，有学者提出创造力的子维度包括创造力流畅性（creative fluency）、认知灵活性（cognitive flexibility）、原创性

（originality）和坚持程度（perseverance）这四个维度。根据创造力测量任务的不同，所测量的创造力倾向维度也不同。

如何测量创造力？

创造力是看不见摸不着的东西，究竟该怎么测量它呢？在心理学的实证研究中，创造力的测量方式主要有三种：人格测试、传记式量表和行为评估。下面为大家简单介绍几种常用的行为评估测量方式。

一、创造性用途列举

“报纸的创造性用途有哪些？”

“砖块可以有哪些创造性的用途？”

“为床垫厂商想一种新床垫的创造性用途或产品设计方案！”

……

这些题目能测量创造力？别怀疑，这就是严肃的学术论文中采用的创造力测量方法！这类发散性问题并没有标准答案，一般请这个领域的多个专家对被试[①]的答案进行打分。

① 实验或测验的参与者称为被试。

例如，我在清华大学指导的博士生陈辉辉和我共同发表在《营销科学学报》的一个研究中，邀请实验参与者列出报纸的创造性用途。拿到参与者列举的用途后，首先，我们需要将参与者所列的用途进行整理，归纳出“独有用途”，为后续打分做准备。所谓“独有用途”，是指剩下的用途中，每一个都是唯一用途，不与其他用途重复。例如，A 参与者可能写了报纸的一个创造性用途是“用于写匿名信”，B 参与者可能写了报纸的一个创造性用途是“用来给别人寄匿名信”，这两种用途指的都是“写匿名信”这一个用途，最后需要合并成一个“独有用途”。

接着，我们请两位独立评审人将参与者列出的用途进行归类，将我们整理出的 419 个报纸用途归为 15 个大类别（盖或垫类、手工类、家具材料类、燃料类、功能性衣物类、清洁类、回收再利用类、武器类、写画类、伪装类、玩具类、包装类、工具类、报纸类和其他类）。

然后，我们请来 12 位清华大学的博士生给每个用途进行打分。裁判打分时，我们还打乱“独有用途”的顺序给不同裁判独立打分，以避免出现顺序效应。然后，研究者根据裁判的打分，确定每一个独有用途的创造性分数，通常采用裁判打分的平均数。

最后，参考前辈学者的研究，答案最终编码为 4 个因变量作为个体创造力的衡量标准：一是创造力流畅性，由所有想法的数量表示；二是认知灵活性，由所有想法包含的类别表示；三是原创性，即被试创造力的总分；四是坚持程度，由数量除以类别计算得来。这四个因变量是创造力的 4 个维度，都能在一定程度上体现创造力的差异。

这套流程走下来一点儿都不简单！有没有更简单一点儿的办法测量创造力呢？下面给大家介绍一种最便捷的方法。

二、RAT

远程联想测试（Remote Associates Test，RAT），每一道测试题都给出 3 个（或者 4 个）词语，这 3 个词都与目标词高度相关，实验参与者的任务是猜出目标词。例如，对于“柜子”“阅读”和“呆子”这 3 个词，相关的第四个词的正确答案是“书”。再如，对于“猎人”“骨头”和“热”3 个词，相关的第四个词的正确答案是“狗”。

表 1.1 给出了几个常用的测量创造力的 RAT 题，看看你能答对几个吧！

表 1.1　RAT 举例

关键词	目标词
电视剧 – 手 – 盒	肥皂
酱 – 蔬菜 – 金枪鱼	沙拉
熊 – 闺 – 月	蜜
鱼 – 矿 – 淘	金
柜子 – 阅读 – 呆子	书
光 – 饼 – 亮	月
火 – 生日 – 台	蜡烛

三、类别包容性测试题

所谓类别包容性测试，就是通过人们对特定类别中非典型例子的典型性评价，来测量人的认知灵活性——创造力的一个子维度。在一个测试题中，参与者需要评价特定类别中不同典型程度的例子，对于例子是不是这个类别的典型性代表做出打分评价。例如，以交通工具类别为例，参与者需要回答：①汽车（高典型例子）是不是交通工具的典型代表？②飞机（中典型例子）是不是交通工具的典型代表？③骆驼（低典型例子）是不是交通工具的典型代表？三个典型性评价通常使用李克特 5 分量表、7 分量表或者 9 分量表。在进行统计计算时，只有③低典型例子的典型性评价代表认知灵活性，对①和②这两个较为典型的例子做评价并不需要认知灵活性，因为它们清晰地属于交通工具这个类别。根据这个逻辑，比较认知灵活性就是比较③的平均分值。即，如果实验组与控制组的结果显示，在①②高、中典型例子的典型性评价上没有显著差异，而在③低典型例子上存在显著差异，说明两组参与者的认知灵活性存在显著差异。换句话说，创造力高的人会认为骆驼也是非常典型的交通工具，甚至连高跟鞋也是典型的武器。

如果一个人把并不典型的例子归入某一品类中（例如，把骆驼归入交通工具，把鞋子归入武器，把电话归入家具），这也算打破了思维定式，因为这需要克服之前就存在的对这个种类成员的假设

（大部分人不把骆驼当作典型的交通工具，也不把鞋子当作武器，更不认为电话是家具）。因此说，类别包容性测试所测量的认知灵活性有效地反映了创造力。

接下来，看看你能否列举出一些低典型性的例子（见表 1.2），来测量一下你的认知灵活性有多少吧！

表 1.2 类别包容任务举例

类别	类别中的例子		
	典型性：高	典型性：中	典型性：低
交通工具	汽车	飞机	骆驼
武器	手枪	斧子	鞋子
玩具	布娃娃	溜冰鞋	动物
家具	沙发	台灯	电话
蔬菜	菠菜	土豆	大米
木匠的工具	锤子	楔子	剪刀
鸟类	麻雀	野鸡	蝙蝠
运动	足球	潜水	跳棋
衣服	裙子	鞋子	项链

四、顿悟题

顿悟题有点儿像中文里的脑筋急转弯。下面给大家列举一些口头顿悟题（见表 1.3）和视觉顿悟题（见图 1.1～1.2），大家可以测试一下，看自己可以答对几道题。

表 1.3　口头顿悟题举例

	问题描述	答案
问题一	一个囚犯被关押在一座塔中，他想从高处的窗口逃跑。可是他发现牢房中的粗麻绳长度不够他安全到达地面，只有所需长度的一半。囚犯最终成功逃跑了，他是怎么做到的？	囚犯把粗麻绳（竖着）分成了两半，然后纵向将两条绳子绑在了一起，这样他就能安全到达地面了
问题二	一个古董交易商人得到了一枚漂亮的青铜硬币。硬币的正面是一个头像，硬币的反面写着时间：544 B.C.（公元前 544 年）。这个商人检查了硬币之后，不是买下它，而是报了警。为什么？	公元前 544 年，耶稣还没诞生，那时候的时间不用“公元前”表示，所以硬币上不可能标记着“B.C.”（公元前）
问题三	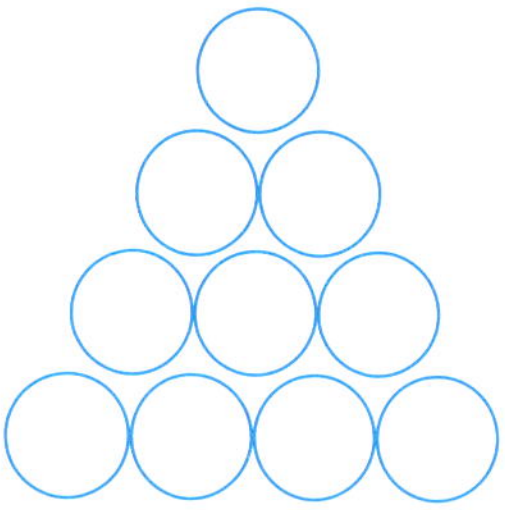 如上图所示，这是一个由 10 个圆圈摆成的正立的三角形，如何只移动 3 个圆圈就把正立的三角形变成倒立的三角形？	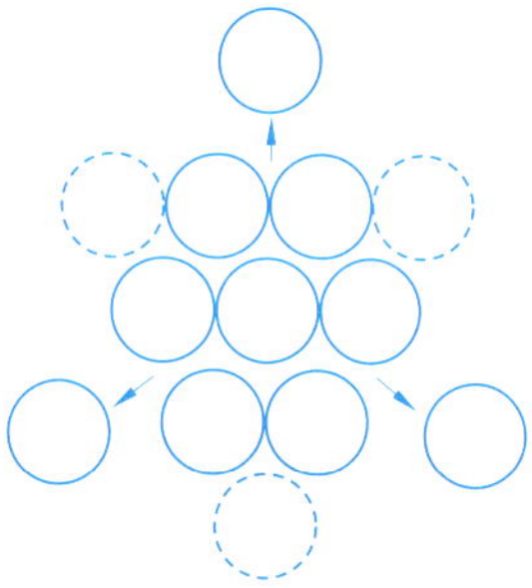

续表

	问题描述	答案
问题四	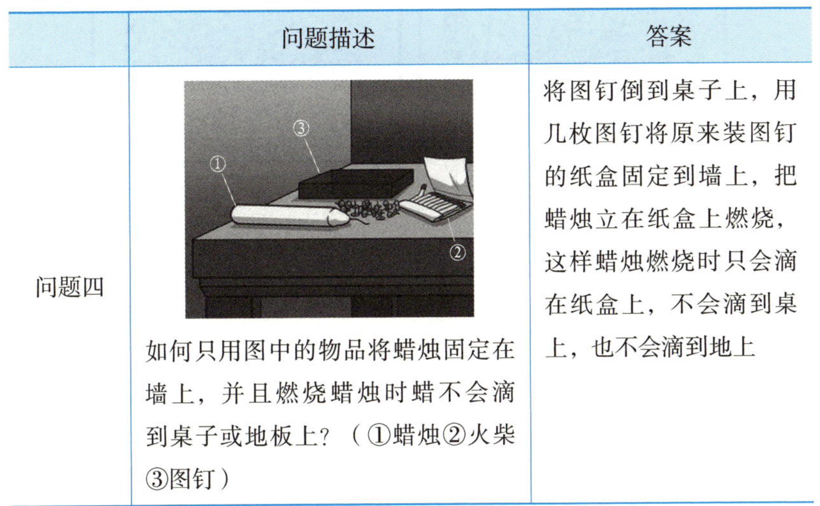如何只用图中的物品将蜡烛固定在墙上，并且燃烧蜡烛时蜡不会滴到桌子或地板上？（①蜡烛②火柴③图钉）	将图钉倒到桌子上，用几枚图钉将原来装图钉的纸盒固定到墙上，把蜡烛立在纸盒上燃烧，这样蜡烛燃烧时只会滴在纸盒上，不会滴到桌上，也不会滴到地上

视觉顿悟题要求在破碎的图片中识别熟悉的物体。解题的过程需要转换视角，对破碎图片进行重新编码，要打破视觉思维定式，寻找隐藏在复杂图形下的简单目标图像，这也是创造力的一种。

图 1.1～1.2 都是什么呢？看看你能否给出正确答案。

图 1.1　GCT（格式塔任务）举例

图片来源：Ekstrom et al., 1976[①]

① 答案（从左到右）：帆船、马上的骑士、兔子、小孩。

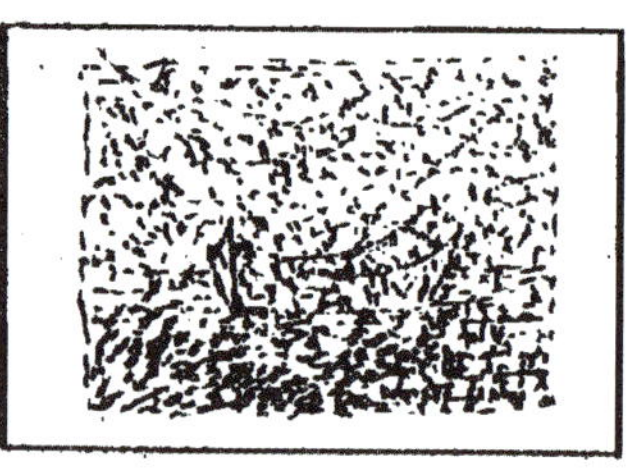

图 1.2 SPT（雪花图片测试）举例
图片来源：Ekstrom et al., 1976[①]

牛顿：宇宙法则的破译者，科学革命的奠基人

在人类文明发展的漫长历程中，科学革命无疑是最重要的转折点之一。而在这场革命中，艾萨克·牛顿（Isaac Newton）以其非凡的创造力和卓越的智慧，为现代科学奠定了坚实的基础。作为物理学、数学和天文学领域的集大成者，牛顿的贡献不仅刷新了当时人们对自然界的认知，更为后世数百年的科学发展指明了方向。

下面让我们一起来了解牛顿的传奇人生，看看他究竟是如何成为一位改变世界的科学巨匠的吧。

牛顿于 1643 年 1 月 4 日出生在英格兰林肯郡沃尔索普村的一

① 答案（从左到右）：锚、水中的小船。

个小农家庭。由于是早产儿，牛顿出生时异常瘦小，体重仅 3 磅。牛顿的父亲是伍尔斯索尔伯庄园的庄园主。不幸的是，牛顿出生不到 3 个月，父亲便去世了。之后，母亲在牛顿三岁时改嫁，将牛顿留给外祖母抚养。

或许正是幼年与外祖母相依为命的成长经历，塑造了牛顿内向孤僻的性格，却也淬炼出他那近乎偏执的求知渴望与特立独行的思考方式。

牛顿自小就对机械制作和自然现象充满好奇，他非常喜欢制作各种小工具，经常做一些创意十足的手工制品，如风车、木钟和日晷等。12 岁时，他进入格兰瑟姆的国王学校学习，但读书成绩并不是很出色；牛顿 16 岁时，母亲曾一度希望他放弃学业当一名农夫，然而格兰瑟姆中学的校长和牛顿的一位当神父的叔父却劝说牛顿的母亲，鼓励牛顿继续读书。

1661 年，牛顿以减费生（通过为学院工作来减免学费的学生）身份进入剑桥大学三一学院。当时的剑桥主要教授亚里士多德的学说，但牛顿更钟情于笛卡尔、伽利略等现代思想家的学说。在剑桥期间，他受到了导师伊萨克·巴罗（Isaac Barrow）的指导，并对数学产生了浓厚的兴趣，他自学了欧几里得几何学、笛卡尔解析几何等内容。

1664 年，牛顿顺利从剑桥大学毕业，获得了学士学位。次年，伦敦暴发大瘟疫，剑桥大学被迫关闭，牛顿不得不暂时离开剑桥，回到家乡沃尔索普村。在乡间，他进行了大量关于力学、天文学和数学的研究，在家乡的这 18 个月里，23 岁的牛顿首次提出了流数法（Method of Fluxions），也就是今天所说的微积分。牛顿创造性地将变量看作流动的量，用点符号表示变化率。这一革命性的数学工具为描述运动和变化提供了精确的语言。同年，牛顿还进行了著名的“棱镜实验”。牛顿通过一块三棱镜将白光分解为红、橙、黄、绿、蓝、靛、紫七种颜色，这被称为光的色散。牛顿的这一实验证明，白光是由不同颜色的单色光组合而成的，这一发现为光学研究奠定了基础。

牛顿在回忆录中说，也正是在这段时间，他在庄园里看到苹果落地，开始思考苹果落地背后的万有引力本质。2024 年，我去剑桥大学的三一学院参观，发现其门口就有一棵苹果树。启发牛顿的那棵苹果树至今仍生长在庄园内，而剑桥大学三一学院门口的那棵苹果树是在 20 世纪移植的这棵树的后代。原树的基因与象征意义被其后代进行了传承与延续。剑桥大学三一学院选择将其后代种植在学院入口的显眼位置，正是对科学历史和牛顿的一种致敬。

1667 年，牛顿返回剑桥大学当研究生，次年获得硕士学位。1669 年，牛顿开始担任数学讲座教授的职务。1672 年，牛顿被接纳为伦敦皇家学会会员。

1684 年 8 月，天文学家埃德蒙·哈雷（Edmond Halley）访问了剑桥大学。在访学期间，哈雷向牛顿提出了一个问题：如果行星受到来自太阳的引力，这个引力与距离的平方成反比，那么它的轨道会是怎样的？牛顿立即回答说，轨道应该是椭圆形的，并表示自己已经完成了相关计算。

在哈雷的鼓励和资助下，牛顿开始系统地整理他的运动定律和万有引力理论。他不仅证明了行星在平方反比律的作用下遵循椭圆轨道运行，还进一步发展了这些理论。经过 18 个月的紧张工作，牛顿在 1687 年正式出版了《自然哲学的数学原理》(*Philosophiæ Naturalis Principia Mathematica*)，这是 17 世纪最重要的科学著作之一，对欧洲产生了深远影响。

牛顿的创造力不仅限于物理学和天文学。1688 年，英国发生了“光荣革命”，推翻了詹姆斯二世的统治，确立了君主立宪制。这一变革使得新兴的资产阶级获得了参与社会治理的权利。1689 年，牛顿作为剑桥大学的代表，被选为国会议员。在担任国会议员期间，牛顿凭借显著的科学成就和学术地位成为当时社会的焦点，许多国家的元首和贵族都曾访问英国，以结识他为荣。1696 年，牛顿还被任命为伦敦造币厂的督办，1699 年升任为造币厂厂长，这一职位使他获得了可观的经济收入。

1704 年，牛顿出版了《光学》(*Opticks*)，这是他系统阐述其光学研究成果的重要著作。在这本书中，牛顿详细探讨了光的反射、折射、色散、偏折和颜色等现象，提出了光的微粒说，还强调了实验和理性推理的重要性，反对仅凭假设解释光的性质。他提出了一系列“疑问”，这些疑问不仅指引了他对光的深入思考，也为后来的科学家提供了启发。

牛顿晚年逐渐转向政治和宗教事务，减少了对科学研究的投入。1727 年 3 月 31 日，牛顿在伦敦去世，享年 84 岁。牛顿被安葬在威斯敏斯特教堂，他的墓碑上镌刻着用拉丁语写的墓志铭，称赞他是“人类的真正骄傲”。

300 多年前，当牛顿在剑桥的烛光下演算宇宙的奥秘时，他或许不会想到，自己的发现会成为人类文明的基石。牛顿的创造力改变了人类认识世界的方式。他建立的科学体系主导了此后 200 多年的科学发展，直到爱因斯坦相对论的出现。他说：“如果我看得更远，那是因为我站在巨人的肩膀上。”这句话不仅体现了他对前人成就的尊重，也揭示了科学发展的本质——任何伟大的发现都是在前人智慧的基础上实现的。

牛顿的创造力源于他独特的思维特质，他将数学的严谨与哲学的深邃完美结合，用实验验证代替主观臆测，以数学语言描述自然规律。这种科学方法论的确立，比他的任何单一发现都更为珍贵。正如爱因斯坦所言：“牛顿是第一个成功地找到了一个用公式清楚表述物理学问的人，他用数学的思维，逻辑地、定量地演绎出范围很广的现象，并且同经验相符合。”

今天，当人类的探测器飞向火星，当量子计算机开始解决复杂问题，当人工智能开始探索新的科学发现，牛顿所开创的科学传统仍在延续。牛顿是科学史上的里程碑，更是人类智慧的象征。他的故事告诉我们：最伟大的创造力，往往源于对基本问题的重新思考；最深刻的发现，常常来自对日常现象的深入追问。在这个科技发展日新月异的时代，牛顿的精神遗产依然熠熠生辉，它提醒我们保持好奇，坚持理性，永远不要停止探索的脚步。

本章小结

无论是方仲永的悲剧，还是阿玛拜尔教授的研究、牛顿的故事，这一切都告诉我们，创造力并非与生俱来的天赋，而是像肌肉一样可以通过持续锻炼而发展的能力。我们的大脑具有惊人的可塑性，只要通过后天的努力——系统化的思维训练、跨领域知识积累以及开放性的实践探索等，每个人都可以获得创造力。当代创新教育更证实，当个体突破“天赋神话”的心理束缚，建立科学的创造方法论时，其创造力也将得到大幅提升。

所以，当你感叹自己“缺乏创意基因”时，请记住——最伟大的创造力也不过是“永不满足的好奇心”与“持之以恒的探索”共同书写的篇章，而这两者从来都与天赋无关。

第二章

书桌很乱？这或许并非坏事

如果乱糟糟的书桌象征着混乱的思维，那么，空书桌又代表了什么呢？

——美国德裔物理学家　阿尔伯特·爱因斯坦（Albert Einstein）

爱因斯坦的办公室很乱？

爱因斯坦是世界公认的有史以来最伟大的科学家之一。1879 年，他生于德国乌尔姆，后来辗转意大利、瑞士，最终定居美国。他提出的光量子假说解释了光电效应，为量子力学奠定了基础；他创立的狭义相对论颠覆了牛顿的绝对时空观。他的科学思想不仅革新了物理学，更深刻影响了哲学、艺术乃至整个人类文明对宇宙的理解。

提到爱因斯坦，很多人会想到他那乱蓬蓬的头发和胡子，也有人会想起爱因斯坦乱糟糟的办公室。看过爱因斯坦办公室照片（晚年普林斯顿时期）的人都知道，爱因斯坦的办公室比他的头发还要乱，各种书籍、材料乱七八糟地放在桌子上。

不仅爱因斯坦的办公室很乱，许多杰出教授的办公室也都是乱糟糟的。例如，哥伦比亚大学商学院迈克尔·莫里斯（Michael Morris）教授的办公室就非常乱，一次我进去之后甚至不知道该坐在哪里。然而，你知道吗？他是全球公认的领导力与组织行为学大师，已经在《自然》(*Nature*)、《美国国家科学院院报》、《组织行为与人类决策过程》(*Organizational Bahavior and Human Decision Processes*)等顶尖学术期刊上发表了200多篇学术论文，他的许多博士毕业生任教于哈佛大学、麻省理工学院、哥伦比亚大学、斯坦福大学等顶尖名校，他还曾担任美国第44任总统奥巴马的顾问。

一个有趣的问题自然而然地浮出水面，那就是：如果按照“一屋不扫，何以扫天下？”的正统标准，爱因斯坦、迈克尔·莫里斯教授等优秀科学家是不可能成功的。那么，爱因斯坦为什么能够成为历史上最伟大的科学家呢？迈克尔·莫里斯教授为什么能够成为全球公认的领导力与组织行为学大师？

报纸实验

或许，混乱的办公室反而会促进创造力的产生？2013年，我和我的博士生陈辉辉、博士后范筱萌一起对这个问题进行了深入研究，最后我们根据研究成果写了一篇题为“混乱有益？混乱的物理环境对创造力的影响”的论文，并把论文发表在《营销科学学报》上。

我们通过4个实验的研究发现：相比整齐的物理环境，混乱的物理环境反而会提高实验参与者的创造力。接下来，我就和大家分享其中的部分实验。

当时，我们做的第一个实验是“报纸实验”。在这个实验里，我们把 133 个清华大学的学生作为被试，随机分到 3 个小组（高度混乱组、中度混乱组、整齐组），让他们分别看一张不同的图片，图片中都是一张办公桌，但桌面的混乱程度不同（高度混乱的办公桌、中度混乱的办公桌、整齐的办公桌），并想象自己置于该场景之中会有何感受。看完图片后，实验参与者被要求用一句话描述此时的感受。之后，实验参与者需要完成一个关于“报纸用途”的头脑风暴任务，以测量他们的发散性创造力。

聪明的你是不是看出来了？在这个实验中，自变量就是被试所看到的图片里的桌面的混乱程度，而因变量则是被试的创造力。因变量创造力的测量用的是“报纸用途”的头脑风暴任务。头脑风暴题没有标准答案，一般是请多个专家对实验参与者的答案进行打分。参考其他学者的研究，头脑风暴题最终可以编码为以 4 个因变量作为个体创造力的衡量标准：一是创造力流畅性，即所有想法的数量；二是认知灵活性，即所有想法包含的类别；三是原创性，即被试的创造力总分（专家对每个想法都进行打分，所有想法的总分就是被试的创造力总分）；四是坚持程度（由数量除以类别计算得来）。这 4 个因变量是创造力的 4 个因素，都能在一定程度上体现创造力的差异。

在创造力的这 4 个维度中，我们预测混乱的书桌会使得实验参与者在创造力的流畅性、认知灵活性和原创性这三个维度上得到提升，而并不会使参与者的坚持程度得到提高。这是因为，我和我的博士后范筱萌 2012 年曾经发表过另外一篇论文，在那篇论文中，我们发现混乱的物理环境会使人更倾向于使用直觉启发式思考。而直觉启发式思考容易导致人没有耐心，因此不会让人在坚持程度上表现得更好。

仿照前人的做法，我们邀请了 12 位博士生对实验参与者列出的想法进行打分。被试一共列出了 419 个报纸的用途，这些想法被归为 15 个大类别（盖或垫类、手工类、家具材料类、燃料类、功能性衣物类、清洁类、回收再利用类、武器类、写画类、伪装类、玩具类、包装类、工具类、报纸类和其他类）。每个大类别的创造性分值不同，每个实验参与者的创造性总分由想法的类别和数量共同决定。

接下来，让我们一起来看看实验结果是否支持我们的预测。

首先，在创造力的流畅性维度，高混乱场景组的被试列出的想法（平均 3.53 个）和中混乱场景组被试列出的想法（平均 3.55 个）都比整齐组的被试列出的想法（平均 2.87 个）更多，而且这种区别在统计学上是显著的。

其次，在创造力的认知灵活性维度，高混乱场景组的被试列出的想法（平均 3.14 个）和中混乱场景组被试列出的想法（平均 3.16

个）都比整齐组的被试列出的想法（平均 2.57 个）更多，而且这种区别在统计学上是显著的。

再次，在创造力的原创性维度，高混乱场景组的被试列出的想法原创性（平均值 12.43）和中混乱场景组被试列出的想法原创性（平均值 13.37）都比整齐组的被试列出的想法原创性（平均值 9.93）更高，而且这种区别在统计学上是显著的。

最后，各组被试在坚持程度上没有显著差异。同时，高混乱场景组的被试列出的想法和中混乱场景组被试列出的想法在流畅性、认知灵活性、原创性这三个维度都没有显著差异。

总结一下，“报纸实验”的结果与我们的预测完全一致。这说明，混乱确实提高了被试的创造力。

当然，“报纸实验”也有缺点，主要是对自变量“混乱程度”的操纵仅仅是使用图片。因此，在下一个实验中，我们决定真实操纵被试所处的实验室的混乱程度。同时，我们希望用其他的创造力因变量再次验证我们的假设。

RAT 实验

在“报纸实验”之后，我们又进行了 RAT 实验，以进一步检验我们的假设——混乱提高创造力。

在这个实验里，我们邀请 73 个清华大学的学生作为被试，将其随机分到 2 个小组（混乱组、整齐组），让他们分别在不同的实验室里参加实验。其中，混乱组的实验室的桌子上非常混乱，而整齐组的实验室的桌子上非常整齐。实验参与者被要求回答一系列 RAT 题。如第一章里所述，每一道 RAT 题都会给出 3 个（或者 4 个）词语，这 3 个词都与目标词高度相关，实验参与者的任务是猜出目标词。例如，对于"柜子""阅读"和"呆子"这 3 个词，你能猜出来相关的第四个词是什么吗？[①] 再如，对于"猎人""骨头"和"热"3 个词，你能猜出来相关的第四个词是什么吗？[②]

实验结果显示，高混乱场景组的被试回答出的 RAT 题（平均 3.75）比整齐场景组被试回答出的 RAT 题（平均 3.03）更多，而且这种区别在统计学上是显著的。也就是说，RAT 实验的结果再次验证了我们的假设。这说明，混乱确实提高了被试的创造力。

---

① 正确答案是"书"。和三个词的关系分别是：书柜，阅读书，书呆子。
② 正确答案是"狗"。和三个词的关系分别是：猎狗，狗爱吃骨头，狗怕热。

乒乓球实验

无独有偶。在学术界，有些时候不同的教授会对同一个研究假设感兴趣，甚至会同时进行研究。2013 年，也就是我和我的博士生陈辉辉、博士后范筱萌在《营销科学学报》上发表论文《混乱有益？混乱的物理环境对创造力的影响》的同时，美国明尼苏达大学卡尔森商学院的凯思琳·沃斯（Kathleen D. Vohs）教授和她的团队在《心理科学》（*Psychological Science*）上发表了一篇论文《无序产生创造力》。

凯思琳·沃斯教授是全球公认的杰出心理学家，她的研究领域涉及心理学、消费行为学等。凯思琳·沃斯教授成长于美国明尼苏达州的北圣保罗，2000 年在达特茅斯学院获得心理学和脑科学博士学位后，就开始在明尼苏达大学卡尔森管理学院任教。凯思琳·沃斯教授在学术界有着丰富的成果，她在《科学》《心理科学》等多个全球顶级期刊上发表了超过 250 篇学术论文，她的研究成果不仅在学术界受到认可，也在实际应用中具有重要意义。

在《无序产生创造力》这篇文章中，凯思琳·沃斯教授用两个实验验证了她的假设：有序的环境引导人们走向传统和惯例，而无序的环境鼓励人们打破传统和惯例，即提高创造力。因为，打破惯例正是创造力生成所需要的。

在第一个实验中，凯思琳·沃斯教授招募了一所美国大学的 48 名学生参与实验。这些学生被随机分为两组——整齐有序组和混乱无序组，他们分别被放置在两个相同大小的实验室里，但这两个实验室一个整齐有序，另一个则混乱无序。聪明的你是不是看出来了？这实际上就是自变量的操纵实验。

在因变量创造力的测量上，凯思琳·沃斯教授选择了“乒乓球用途”的头脑风暴任务，即让实验参与者想象一家公司想要为它生产的乒乓球创造新的用途，而这些参与者被要求列出乒乓球的 10 种新用途。参与者的创造力，是通过两个专门的打分员对参与者写下的乒乓球用途进行打分的。这个打分量表非常简单，1 表示“根本没有创造力”，2 表示“不好说”，3 表示“非常有创造力”。

在经过专门的打分员打分之后，凯思琳·沃斯教授和她的团队对每个实验参与者统计各自的创造力分数，其中包括每个实验参与者列举出的乒乓球新用途的平均分、总分和最高分（获得 3 分，即新用途的数量）。

实验结果显示：首先，混乱无序组的被试所列出的乒乓球新用途平均分（平均分 1.8）比整齐有序组的被试所列出的乒乓球新用途（平均分 1.4）更多，而且这种区别在统计学上是显著的。

其次，混乱无序组的被试所列出的乒乓球新用途总分（总分

7.9）比整齐有序组的被试所列出的乒乓球新用途总分（总分 5.6）更多，而且这种区别在统计学上是显著的。

再次，混乱无序组的被试所列出的乒乓球新用途里获得最高分的数量（最高分数量 1.00）比整齐有序组的被试所列出的乒乓球新用途里获得最高分的数量（最高分数量 0.21）更多，而且这种区别在统计学上是显著的。

总结一下，凯思琳·沃斯教授的“乒乓球实验”发现，混乱无序房间里的参与者比整齐有序房间里的参与者写下的有创造性的解决方案更多，并且得到更高的创造力打分值。由此可见，相比于整齐有序的房间，在混乱无序房间里的参与者更有创造力。这个实验结果和我们的“报纸实验”的结果一致。可见，科学的真理“放之四海而皆准”。

奶昔实验

无论是我的“报纸实验”或“RAT 实验”，还是凯思琳·沃斯教授的“乒乓球实验”，都有一个共同的缺点，那就是仅仅使用了大学生被试。为了进一步检验同样的效应是否会在普通成年人身上发生，凯思琳·沃斯教授又做了一个“奶昔实验”，实验参与者是 188

名成年美国人，以进一步检验混乱的环境是否会导致人们更容易选择一些创新的产品，也就是更有创造力。

“奶昔实验”用了 2×2 的实验设计，比前面我的“报纸实验”“RAT 实验”和凯思琳·沃斯教授的“乒乓球实验”更加复杂一些。实验参与者被随机分为 4 组，各自进入整齐或者混乱的房间中完成一项任务。这项任务是帮助当地餐馆老板设计新菜单。实验参与者被告知餐馆老板要在菜单上新增加一种水果奶昔，现在有三个配方可供选择，包括一个健康配方和另外两个配方。在其中一个版本的菜单上，健康配方旁边加了一个醒目的“经典（classic）”字样，而在另一个版本的菜单上，健康配方旁边加了一个醒目的“创新（new）”字样。

聪明的你是否已经看出来了？这个“奶昔实验”有两个自变量，其中第一个自变量是混乱程度（混乱 vs 整齐），第二个自变量是配方版本（经典 vs 创新）。而因变量就是三个配方中被试对健康配方的选择比例。

接下来，我们来看“奶昔实验”的结果。这是一个 2×2 的交叉实验，我们需要看看是否有交叉效应。与凯思琳·沃斯教授的预测一致，实验结果有非常显著的交叉效应。以下是具体的结果：

首先，当健康配方加上醒目的“经典”字样时，整齐组的被试选择该健康配方的比例（35%）高于混乱组的被试选择该健康配方的比例（18%），而且这种区别在统计学上是显著的。

其次，当健康配方加上醒目的“创新”字样时，混乱组的被试选择该健康配方的比例（36%）高于整齐组的被试选择该健康配方的比例（17%），而且这种区别在统计学上是显著的。

总结一下，“奶昔实验”的结果再次表明，混乱的环境比整齐的环境更能提高人们的创造力，提高人们对创新型产品的偏好。

达尔文：进化论的奠基者与科学革命的先驱

在科学史上，查尔斯·达尔文（Charles Darwin）的名字与创造力紧密相连。他以非凡的洞察力和颠覆性的思想提出了自然选择理论，彻底改变了人类对生命起源和物种演化的认知。达尔文的故事不仅是一个科学家的成长史，更是一部关于勇气、坚持与创新精神的史诗。他的理论不仅影响了生物学，还深刻波及哲学、社会学和人类学等领域。今天，让我们一同走进达尔文的世界，探索这位科学巨匠如何以他的创造力重塑了人类对自然的理解。

达尔文于 1809 年 2 月 12 日出生在英国什鲁斯伯里一个富裕的家庭。他的父亲罗伯特·达尔文（Robert Darwin）是一位成功的医生，母亲苏珊娜则来自著名的韦奇伍德家族（以陶瓷业闻名）。达尔文的家庭背景为他提供了优越的教育资源，但他在学校的学习成绩并不理想，尤其对宗教和古典文学不感兴趣，这让他的父亲非常失望。但是，达尔文从小对自然和动物充满好奇，喜欢收集矿物和贝壳，观察昆虫、鸟类，这些兴趣为他后来的科学研究奠定了基础。

1825 年，达尔文 17 岁时，父亲希望他能继承自己的衣钵，便将他送入爱丁堡大学学习医学。达尔文对医学并不感兴趣，甚至对解剖学和手术非常恐惧，只在这所学校学习了一年半，便放弃了医学道路。随后，父亲无奈之下把他转入剑桥大学基督学院学习神学，希望他能够成为尊贵的牧师潜心传教。然而，达尔文又一次让父亲失望了，他并不喜欢《圣经》，只对大自然感兴趣，学习期间他花费大量时间和精力研究植物、动物，采集矿物标本。1831 年，22 岁的达尔文从剑桥毕业，但他并没有像大多数同学一样从事收入颇丰的牧师工作，而是继续钻研自己喜欢的领域。

一次偶然的机会，达尔文经人推荐以博物学家的身份加入了英国皇家海军部的勘探船“小猎犬号”（Beagle）进行环球考察。年轻的达尔文没有薪水，自费登船，于 1831 年 12 月 27 日，跟随“小猎犬号”扬帆启航离开了英国海岸。这次航行历时五年（1831—1836），途经南美洲、加拉帕戈斯群岛、澳大利亚等地。达尔文在航行中收集了大量动植物标本和地质样本，并详细记录了各地的自然现象。

在加拉帕戈斯群岛，达尔文注意到，不同岛屿上的雀鸟由于它们所食用的食物不同导致喙形各异，这一现象引发他思考：物种能否根据环境的变化而逐渐改变？在安第斯山的山顶上，达尔文吃惊地发现了本应该存在于海底的贝壳化石，这一发现让他思考：海底的贝壳为什么会跑到高山上了呢？在澳大利亚和新西兰的深海，他发现了很多珊瑚礁，珊瑚礁是珊瑚虫的产物，但珊瑚虫需要阳光才能生存，怎会出现在深海？……

在这五年的航行里，达尔文登上南美大陆，横渡太平洋，经过澳大利亚，越过印度洋，绕过好望角，跋山涉水，采集矿物标本，挖掘生物化石。在这五年中，达尔文不仅是一个观察者，更是一个思考者，他每晚都整理自己收集的各类标本，记录所见所闻和采集经过，捕捉各种细节并深入思考。他的笔记中充满了对自然现象的疑问和假设，这些都为他后来的理论奠定了基础。

1836 年 10 月回到英国后，达尔文开始整理航行中的发现，并逐渐形成了物种演化的理论。在整理分析航行的笔记和发现的过程中，他逐渐认识到物种是通过自然选择和适应性变化而进化的，而非固定不变的。然而，他深知这一理论与当时的宗教观念相冲突，便选择谨慎行事，花费了二十多年时间收集证据、完善理论。

1858 年 6 月 18 日，达尔文收到了一封来自阿尔弗雷德·华莱士（Alfred Russel Wallace）的信。华莱士也是英国人，他和达尔文一样在青年时期也热衷搜集一些生物标本，对博物学十分感兴趣，并成为一名古生物学家。华莱士在信中提出了和达尔文的发现相类似的自然选择理论，并附上了自己的研究论文。看完信后，达尔文既震惊又沮丧，他不想让自己多年的发现被别人抢走，这一事件促使达尔文决定公开自己的研究成果。

1859年11月24日，达尔文的划时代巨著《物种起源》出版了。在书中，他提出了两个核心观点：一个是，物种是可变的，所有生物都源于共同的祖先，并通过漫长的演化过程分化成不同的物种。另一个是，自然选择是演化的机制，适应环境的个体更有可能生存和繁殖，从而将其有利特征传递给后代。《物种起源》这本书的出版引发了科学界和社会的巨大震动。尽管这本书遭到保守势力的强烈反对，但达尔文的理论终因其严密的逻辑和丰富的证据逐渐被科学界接受。

达尔文在晚年依旧致力于科学研究，出版了《人类的由来》《植物运动的力量》等多部著作，不断拓展着进化论的应用范围。尽管晚年的他健康状况不佳，但他依然保持着对自然的好奇心和科学探索的热情。1882年4月19日，达尔文逝世，他被安葬在威斯敏斯特教堂，与牛顿等科学巨匠长眠在一起。他的理论成为现代生物学的基石，被誉为“科学史上最伟大的思想之一”。

达尔文的进化论和达尔文的创造力不仅改变了科学、生物学，还对人类学、心理学、哲学等领域产生了深远影响。他的理论挑战了人类在自然界中的特殊地位，促使人们重新思考生命的意义和人类的责任。进化论被恩格斯列为19世纪自然科学的三大发现之一，与细胞学说和能量守恒定律齐名，成为生物学、医学、生态学等领域的核心理论，达尔文的名字也被永远镌刻在科学史的丰碑上。

达尔文的一生是创造力在科学与思想领域绽放光芒的典范。他以敏锐的观察力、严谨的逻辑和敢于挑战权威的勇气，为人类揭开了生命演化的奥秘。他的故事告诉我们，真正的创造力不仅源于天赋，更源于对未知的无限好奇、对真理的执着探索，以及面对质疑时的坚定信念。

在达尔文之前，世界被固有的观念所束缚；在他之后，人类开始以全新的视角审视自身与自然的关系。他的理论如同一把钥匙，打开了生物学的新纪元，并深刻影响了哲学、社会学和伦理学等领域。今天，当我们谈论生物多样性、环境保护甚至人工智能的“演化”时，依然能感受到达尔文思想的深远回响。

本章小结

无论是我的“报纸实验”和“RAT 实验”，还是凯思琳·沃斯教授的“乒乓球实验”和“奶昔实验”，中美两国两个不同的教授几乎同时发现混乱的环境可以提高创造力，因为在这种环境下人们倾向于打破传统和常规，而这些恰恰是产生创造力最需要的。达尔文的故事也告诉我们，孩子们的创造力或许并非来自学习成绩，而是来源于对自然科学的好奇和探索。

在中国传统文化中，人们总是喜欢整洁和有序。许多家长看到孩子的房间或者书桌非常乱时，都容易责骂孩子。然而，我的“报纸实验”和“RAT 实验”，以及凯思琳·沃斯教授的“乒乓球实验”和“奶昔实验”告诉人们，孩子的房间或者书桌混乱或许并非坏事。因为，整洁和有序的环境容易让人循规蹈矩和遵循传统，而混乱和无序的环境容易让人打破传统和追求创新。

第三章

不守规则？或许这比循规蹈矩好

创新系统的本质是“失控”——允许局部混乱，才能产生全局智慧。

——《连线》（*Wired*）杂志创始主编
凯文 · 凯利（Kevin Kelly）

在上一章里，我们了解了一个重要的研究发现：混乱的物理环境比整洁的物理环境更能帮助人们提高创造力。如果把混乱的概念从物理环境引申到社会秩序，那么一个非常有意思的问题便出现了：混乱的社会秩序是否会提高创造力？不遵守规则是否会提高创造力？

中国有句古话——“乱世出英雄”。混乱的社会秩序或许真的有助于提高创造力。例如，战国时期的百家争鸣是中国历史文化上创造力的巅峰，甚至直到今天，还没有其他任何一个时期可以与之媲美。

又如，三国时期也是中国历史上英雄辈出的年代。我个人最喜欢读的小说就是《三国演义》，里面的刘关张桃园结义、三英战吕布、刘备三顾茅庐请诸葛亮等故事深入人心，可以说，这是中国历史上最被人铭记的一段历史。军事其实也需要创造力。其中，曹操打败袁绍的官渡之战以及刘备联合孙权打败曹操的赤壁之战等都是青史留名的以弱胜强的战役。可以说，如果没有当时军事指挥官曹操（官渡之战）和诸葛亮（赤壁之战）的高创造力，是不可能创造这样以弱胜强的奇迹的。

同样，如果一个孩子平时不听话、不喜欢循规蹈矩，这或许并非坏事。相反，这可能是孩子充满创造力的表现。因为创造力的产生需要打破常规，反对循规蹈矩。因此，如果孩子平时不听话，或者不守规则，家长一定要善于引导，帮助孩子成长，而不是扼杀孩子的创造力，把孩子培养成一个只会听话和循规蹈矩的螺丝钉。

接下来，我们就来看看学术界的一些实证研究：混乱的社会秩序是否真的有助于提高创造力？不遵守规则是否真的会提高创造力？

蜡烛难题

弗朗西斯卡·吉诺（Francesca Gino）是哈佛大学商学院的一位著名教授，她被评为全球管理思想领袖 50 人（Thinkers 50）之一。她的研究领域之一就是不诚实的行为（dishonest behavior）。在她的一篇题为“邪恶的天才”的论文里，她做了一些有趣的实验来验证不诚实的行为是否会提高创造力。

在第一个实验里，弗朗西斯卡·吉诺教授招募了 153 名美国成年人在线参与了实验。首先，所有被试都需要解答一个经典的“蜡烛难题”。所有被试都看到一幅图，图上有一张桌子放在一扇纸板墙旁边，桌子上有：①一根蜡烛；②一盒火柴；③一盒图钉。实验参与者被要求在 3 分钟之内思考出以下问题的答案：如何才能使蜡烛在桌子上方燃烧，同时要求蜡烛燃烧之后的蜡烛油不能滴到桌子上或者地板上（见图 3-1）。

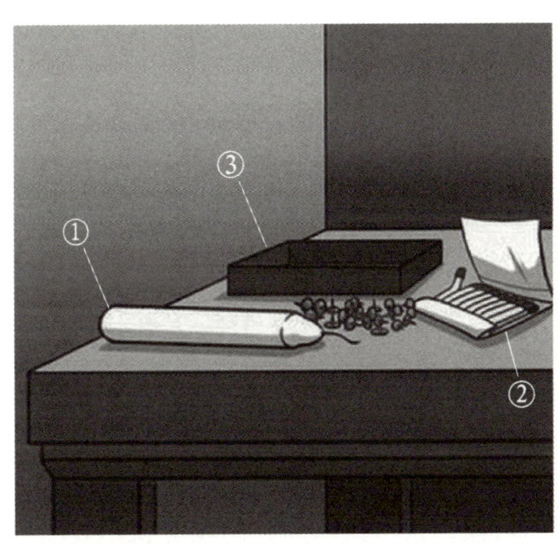

图 3.1　蜡烛难题

“蜡烛难题”是心理学家卡尔·邓克（Karl Duncker）1945 年设计的，专门用来测试人们解决创新难题的能力。很多人解决不了这道“蜡烛难题”，他们一般会尝试以下两种徒劳无功的方案之一：

①试图直接用图钉把蜡烛钉在墙上（蜡烛会碎掉）。②试图将蜡烛烧融之后粘在墙上（蜡油的黏性不足以支撑蜡烛的重量）。而且，无论采用以上哪一种方案，蜡烛油都会滴到桌子上或者地上。

“蜡烛难题”的正确答案是：用图钉把图钉盒子钉在墙上，然后把蜡烛放在盒子上点燃即可（见图 3.2）。

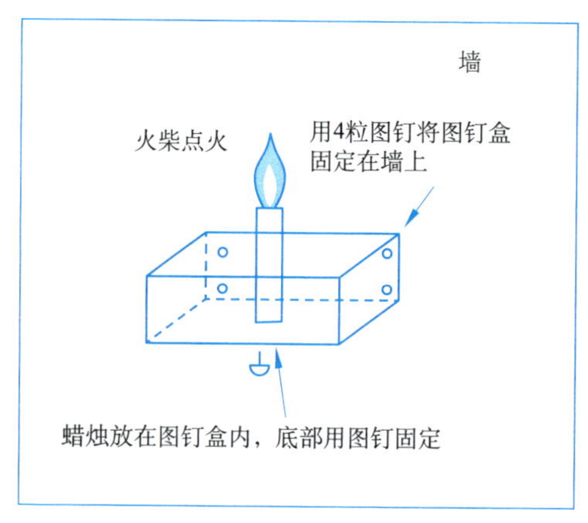

图 3.2　“蜡烛难题”答案

“蜡烛难题”揭露了“功能固着”的心理学效应，即人们一旦认定某物有某种功能后，就不再赋予该物其他新的功能。比如“蜡烛难题”中的图钉盒，很多人认为它的功能就是装图钉。

功能固着对于创造性地解决问题有着消极影响，使我们总是用习惯的方式或者熟悉的经验去使用物品，而减少了将其进行创新利用的机会。要打破功能固着效应，最好的方法就是要有好奇心和创造力。

在弗朗西斯卡·吉诺教授的实验里，“蜡烛难题”其实就是为了衡量所有实验参与者的创造力水平。在“蜡烛难题”之后，所有实验参与者被随机分为两组——诚实组和不诚实组。所有实验参与者都被要求在严格的时间限制下解答 10 道数学计算题。对每一道数学计算题，实验参与者都需要在 20 秒钟之内完成。如果超时没有完成，计算机系统会自动进入下一道数学计算题。在 10 道数学题的计算任务结束之后，实验参与者需要汇报自己完成了多少道题，完成题目的数量与即将收到的奖金有关。

计算机系统记录了每一个实验参与者对每一道数学题的完成状况，不过实验参与者并不知道这一点。因此，从理论上来说，每一个实验参与者都可以撒谎。而这个实验的目的就是检验那些撒谎的实验参与者是否会在后续的创造力任务中表现更好。

因此，在数学题任务之后，所有实验参与者又进行了一个创造力衡量的任务：RAT。他们一共需要解答 17 道 RAT 题。这里不再赘述，读者可以参考第一章和第二章里关于 RAT 题的详细说明。

接下来我们一起看看实验结果。首先，在所有实验参与者中，只有 48% 的参与者正确解答了“蜡烛难题”。其次，59% 的实验参与者在数学计算题任务的结果上撒谎了。再次，也是最重要的结果，与那些没有撒谎的实验参与者相比，那些撒了谎的实验参与者在最后的 RAT 创造力任务中表现更好。其中，那些没有撒谎的实验参与者平均解答了 5.76 道 RAT 题，而那些撒了谎的实验参与者平均解答了 9.0 道 RAT 题。二者之间的区别在统计上是显著的。而且，在控制了不同样本在“蜡烛难题”中的不同表现（相当于每个被试的创造力基准点）之后，撒谎与不撒谎的实验参与者在 RAT 任务中的表现的区别仍然是显著的。

总结一下，这个实验的结果确实提供了证据，说明不诚实的行为或者不遵守规则可以提高创造力。不过，这个实验也有一个缺点，那就是实验参与者撒谎与否并非随机分布的，而是实验参与者个人的自由选择（即实验参与者自己决定是否撒谎）。因此，实验结果不能说明因果关系，而只能说明相关关系。因此，弗朗西斯卡·吉诺教授又做了一个随机分布的“作弊实验”，接下来我们详细说明。

作弊实验

在这个实验中，弗朗西斯卡·吉诺教授招募了一所美国大学的 101 名学生参与实验。这些学生被随机分为两组：对照组和作弊组。首先，所有被试都参加了一个计算机数学和逻辑游戏，一共有 20 道多项选择题，每道题都需要在 40 秒之内完成。如果答对了一道题，被试可以赚 50 美分。

对于那些对照组的参与者，他们直接参加这个计算机数学和逻辑游戏即可。相反，对于那些作弊组的参与者，实验负责人告诉他们，由于该计算机数学和逻辑游戏有一个程序漏洞，每个问题的答案都会显示出来。实验参与者在每个问题一出现时就按住计算机键盘上的空格键，即可避免答案泄漏。实验负责人告诉每一个参与者，除了实验参与者自己，没人会知道他们是否在答题的时候按了空格键。不过，实验负责人要求每一个参与者尽量诚实，不要作弊。事实上电脑程序将记录下每个被试是否在答题时按了空格键。而且，由于按空格键需要付出额外的努力，大多数“作弊组”的被试预计都会作弊。聪明的你是否已经看出来了？这就是自变量作弊与否的操纵。

在被试完成这个计算机数学和逻辑游戏之后，所有实验参与者都被要求解答 12 道 RAT 题。

接下来，让我们一起来看看实验结果。首先，在“作弊组”的 53 个被试中，绝大多数（51 个被试）都作弊了。于是，剩下的那两个没有作弊的被试被剔除出去，其他被试的结果则可以与对照组相比。实验结果表明，与对照组（没有作弊）的实验参与者相比，“作弊组”的实验参与者在最后的 RAT 创造力任务中表现更好。其中，对照组的实验参与者平均解答出了 4.65 道 RAT 题，而“作弊组”的实验参与者平均解答出了 6.2 道 RAT 题。二者之间的区别在统计上是显著的。

其次，即使把“作弊组”里那两个没有作弊的被试都包括进去，实验结果也是类似的。对照组的实验参与者平均解答了 4.65 RAT 题，而“作弊组”的实验参与者平均解答了 6.25 道 RAT 题。二者之间的区别在统计上也是显著的。

总结一下，这个实验的结果确实提供了更加强大的证据，说明不诚实的行为或者不遵守规则确实可以提高创造力。

叛逆型天才

弗朗西斯卡 · 吉诺教授关于不诚实行为和创造力的研究获得了很多人的关注。她后来还出版了一本名为《叛逆天才：拒绝一颗盲从的心，让自己闪闪发光》(*Rebel Talent: Why It Pays to Break the Rules at Work and in Life*）的畅销书。书中讨论了离经叛道者、麻烦制造者和混乱制造者如何成为世界上真正的创新者和思想领袖，而且我们每个人的内心都住着一个离经叛道者。可以想象，弗朗西斯卡 · 吉诺教授本身就是很有创造力的人，也非常敢于打破常规。与大多数教授不同，弗朗西斯卡 · 吉诺教授不仅在学术界非常高产——在许多顶级期刊上发表了 140 多篇论文，而且在企业界和大众领域也广受欢迎。她以日程排满演讲活动和价格高昂的企业培训而闻名。她的研究也出现在《经济学人》《纽约时报》《新闻周刊》《科学美国人》《今日心理学》和《华尔街日报》等多家美国主流媒体上，她还应邀在美国全国广播公司（NBC）和哥伦比亚广播公司电视台（CBS）上讨论自己的科研工作。哈佛大学非常欣赏吉诺的才华，据说哈佛大学商学院每年向她支付 100 多万美元的薪酬，而一些公司也经常支付数万美元邀请她参加公司活动。

有趣的是，弗朗西斯卡·吉诺教授似乎自己就是这样的一个叛逆型天才，她后来也因此遇到了麻烦。据《科学》新闻报道，早在 2021 年，西班牙埃萨德商学院的尤里·西蒙森（Uri Simonsohn）教授、加州大学伯克利分校的雷夫·纳尔逊（Leif Nelson）教授，以及宾夕法尼亚大学的约瑟夫·西蒙斯（Joseph Simmons）教授这 3 位行为学家就提醒哈佛商学院，弗朗西斯卡·吉诺教授有 4 篇论文存在伪造数据的迹象。后来，独立学术监督网站 Data Colada 公布了这四次涉嫌伪造的数据。于是，哈佛大学不久后对弗朗西斯卡·吉诺教授的工作进行了为期 18 个月的内部调查，认为她应对“研究不当行为”负责，对她做出无薪休假的决定。更严重的是，哈佛大学校长办公室通知她，她的终身教职正在面临审查。如果弗朗西斯卡·吉诺教授被剥夺了终身教职，这很可能是自 20 世纪 40 年代美国大学教授协会正式确定终身教职规则以来，哈佛大学第一次强制剥夺一名终身教授的职位。

对此，弗朗西斯卡·吉诺教授并不认可，她后来向波士顿地方法院递交了一份 2500 万美元诽谤赔偿的诉讼。被告涉及哈佛大学校方和相关领导，以及数位在 Data Colada 博客上指控其数据造假的学者。

截至目前，弗朗西斯卡·吉诺教授在哈佛大学商学院的官网上还是教授职位，但仍然处于行政休假状态。

叛逆程度实验

如果说，不遵守规则能够提高创造力，那么反过来，高创造力的天才们是否也更容易藐视规则甚至做出不道德的行为？许多名人轶事都告诉我们高创造力的天才容易违背规则，例如国外很多文艺明星和体育明星都爱喝酒，有的甚至吸毒，或者私生活非常混乱。那么，有没有科学实验去研究高创造力的天才是否更容易违背规则做出不道德的行为呢？

2013 年，美国学者林·凯瑟琳·文森特（Lynne Catherine Vincent）研究了创造力感知与不诚实行为的关系。在她的博士毕业论文里，她通过多个实验发现，创造力感知提高了人们的不诚实行为。换句话说，如果一个人认为自己是高创造力的人，他就会更容易发生不诚实的行为。

在第一个实验里，被试是 139 个大学生。他们被随机分配到两个组：创造力组和逻辑组。首先，所有的被试都需要花 10 分钟回答一个问题。在创造力组，被试回答的问题是回忆并写出过去他们在生活中曾经遇到并最终用有创造力的方式解决了的 3 个问题。相反，在逻辑组，被试回答的问题是回忆并写出过去他们在生活中曾经遇到并最终用有逻辑的方式解决了的 3 个问题。

在回忆并写出 3 个问题之后，所有的被试需要填写一个测量心理权利（psychologicfal entitlement）感知的量表，以及另外一个测量叛逆程度（rebelliousness）的量表。首先，测量心理权利感知的量表一共有 9 道题。例如，其中一道是“我觉得自己比别人更有享受的权利和资格”。被试需要对这样的题进行打分（1 = 非常不同意，7 = 非常同意）。

其次，测量叛逆程度的量表一共有 5 道题。例如，其中一道是“我根本不关心邻居对我的看法”。被试也需要对这样的题进行打分（1 = 非常不同意，7 = 非常同意）。

聪明的你是不是已经看出来了？在这个实验里，自变量就是创造力感知（有创造力 vs 逻辑）；因变量有两个：一个是心理权利感知，另一个是叛逆程度。

最后，让我们来看一下实验结果。尽管实验参与者被随机分配到创造力组和逻辑组，从理论上来说他们之间的叛逆程度应该没有任何统计上的差别。然而，在创造力组，被试的平均叛逆程度是 4.23；相反，在逻辑组，被试的平均叛逆程度是 3.61。二者的区别在统计上是显著的。因此，感知到自己具有创造力确实提高了人们的叛逆程度。

那么，为什么人们会这样呢？创造力感知提高叛逆程度背后的心理机制是什么呢？这个实验在测量被试的叛逆程度的同时，也测量了被试心理权利的感知。实验结果表明，在创造力组，被试的心理权利感知是 4.06；相反，在逻辑组，被试的平均叛逆程度是 3.25。二者的区别在统计上是显著的。因此，感知到自己具有创造力确实提高了人们的心理权利的感知。换句话说，当人们觉得自己有较高的创造力时，他们更容易觉得自己比别人更应该有享受的特权。

总结一下，这个实验说明，感知到自己具有创造力既可以提高人们的心理权利的感知，也可以提高人们的叛逆程度。

权利感知实验

当然，“叛逆程度实验”也有缺点。首先，被试的不诚实行为并没有被直接测量，而只是通过一个叛逆程度的量表来测量。其次，心理权利感知的机制作用并没有被直接验证。因此，林·凯瑟琳·文森特后来又做了一个更复杂的实验来验证心理权利感知的机制作用。

这个实验是一个 2×2 的复杂实验。第一个自变量是创造力感知，第二个自变量是心理权利感知。其中，第一个自变量——创造力感知的操纵与之前的实验相同（创造力 vs 逻辑）。而第二个被操纵的自变量是心理权利感知（高权利 vs 低权利）。对于那些高权利感知的被试来说，他们被要求花 10 分钟时间用文字回答如下三个问题：①为什么你认为你应该过最好的生活？请写出 3 个原因；②为什么你认为你比其他人更应该好好享受生活？请写出 3 个原因；③为什么你认为应该按你的方式过自己的生活？请写出 3 个原因。

相反，对于那些低权利感知的被试来说，他们也被要求花 10 分钟时间用文字回答如下三个问题：①为什么你认为自己不应该过最好的生活？请写出 3 个原因；②为什么你认为你并不比其他人更应该好好享受生活？请写出 3 个原因；③为什么你认为不应该期待按你的方式过自己的生活？请写出 3 个原因。

这个实验的被试是 131 名大学生，根据以上两个自变量的不同操纵，他们被随机分为 2×2=4 组，即：①高权利感知 & 创造力组；②高权利感知 & 逻辑组；③低权利感知 & 创造力组；④低权利感知 & 逻辑组。

完成两个自变量的操纵任务之后，他们最后被要求参加一个数字计算任务。该任务也是这个实验的因变量：不诚实行为。那么，该如何衡量被试的不诚实行为呢？在这个数字计算任务中，每个实验参与者都需要在 5 分钟之内解答 20 道数学计算题。每答对一道数学计算题，实验参与者可以赚 50 美分的报酬。因此，每个实验参与者在理论上可以赚到的最高报酬是 10 美元，假如他们能够在 5 分钟之内完成并答对所有 20 道数学计算题。有意思的是，在数学计算任务之后，实验负责人并没有收走卷子，而是把答案发给每一个实验参与者，要求他们自己根据正确答案进行评分，然后根据最后自评的分数自己去取报酬。每个参与者都收到了一个装钱的信封，里面装着 9 张 1 美元的钞票和 4 个 25 美分的硬币。因此，理论上，每个实验参与者在自评分环节和取钱环节都存在作弊的可能，因为现场无人监督，完全靠每个实验参与者的自觉。而实际上，实验负责人可以根据每个参与者的答卷和评分知道他们是否作弊（多评分），以及根据信封里剩下的钱知道每个参与者是否作弊（多拿钱）。

最后，让我们一起来看看实验结果。首先，心理权利感知有一个显著的主效应，即相比低权利感知，高权利感知显著提高了被试的不诚实行为。具体来说，高权利感知的被试平均多拿了 1.26 美元，而低权利感知的被试平均只多拿了 0.27 美元。二者的差异在统计上是显著的。其次，创造力感知并没有一个显著的主效应。为什么？这是因为权利感知和创造力感知有显著的交叉效应。在两个高权利感知组中，创造力组的被试多拿了 1.61 美元，而逻辑组的被试只多拿了 0.92 美元，二者的差异在统计上是显著的，说明在被试有高权利感知时，感觉自己有创造力会提高他们的不诚实行为。相反，在两个低权利感知组中，创造力组的被试多拿了 0.26 美元，而逻辑组的被试多拿了 0.29 美元，二者的差异在统计上根本不显著，说明在被试有低权利感知时，感觉自己有创造力并不会提高他们的不诚实行为。因此，实验结果却验证了创造力感知提高不诚实行为的背后机制是权利感知。

总结一下，尽管以上实验过程比较复杂（这是博士阶段的数理统计分析知识，如果你没看懂这些数理统计分析，也没关系，千万不要感觉不好），但这个实验说明，感知到自己具有创造力可以提高人们的心理权利的感知，从而提高了他们的不诚实行为。

天才们容易狂傲放纵

历史上，确实有不少非常有创造力的名人比较大胆和藐视规则，容易狂傲和放纵。例如，唐朝著名诗人李白就从来不把各种规则放在眼里，他经常醉酒，狂傲不羁。“我本楚狂人，凤歌笑孔丘”是李白狂傲的自喻，甚至狂到让高力士为他脱靴、让杨贵妃为他研墨——传说有一天，唐玄宗和杨贵妃在宫中饮酒赏花，杨贵妃因嫌所听皆为老词旧曲，无甚新意，唐玄宗便想起了李白，叫人请李白来写新词。此时的李白正在酒馆中喝得烂醉如泥。人们把他送到宫中，唐玄宗亲手为他调羹。等酒意稍解，皇帝见李白的靴子沾满湿泥，遂命高力士取一双新靴子给李白。哪知这李白乘着酒兴径直就把腿伸到高力士面前，让高力士帮着脱靴。高力士心里火冒三丈，可是皇帝在旁，他只好强忍怒火弯腰替李白脱靴。李白走到书案前拿起笔来，在砚台里蘸了蘸，又嫌墨汁过淡，于是叫站在一旁的杨贵妃研墨，杨贵妃便研起墨来。李白后来提起笔一下子写了三首《清平乐》和十首《宫中行乐词》。此后力士脱靴、贵妃捧砚、御手调羹，这些关于李白不畏权贵的故事便传扬开来。

看起来离经叛道和颠覆传统的事情，在这些高创造力的天才眼里，其实都不是事，因为他们敢于藐视规则。

居里夫人：科学苍穹下的创造力先驱

若要在人类科学史的长河中寻找一位以纯粹的好奇心与不屈意志改写文明进程的女性，居里夫人的名字必然熠熠生辉。她是首位获得诺贝尔奖的女性，也是唯一一位在物理与化学两门不同科学领域摘得桂冠的科学家。她发现了放射性元素钋和镭，开创了原子能研究的先河，将医学、工业乃至哲学推向全新维度。然而，她的成就远不止于此，在性别偏见根深蒂固的 19 世纪末，她以非凡的创造力与坚韧的意志力证明了科学殿堂从不为性别设限。

居里夫人的一生，是创造力与困境交织的史诗。从波兰华沙的寒窗苦读，到巴黎索邦大学的破格录取；从棚屋中提炼镭的数千次实验，到在第一次世界大战前线用 X 射线拯救万千生命，她的故事不仅关乎科学突破，更是一个关于如何以创造力突破时代桎梏的传奇。

居里夫人的名字是玛丽·居里（Marie Curie），原名玛丽·斯可罗多夫斯卡（Maria Sklodowska）。1867 年 11 月 7 日，居里夫人出生于波兰华沙一个中学教师家庭，她的父亲乌拉狄斯拉夫·斯可罗多夫斯卡，是一所中学的物理教师，收入十分有限，母亲布罗尼斯洛娃·柏古斯卡·斯可罗多夫斯卡，是一所女子寄宿学校的校长。居里夫人在家里排行第五，是家中最小的孩子，上面有三个姐姐和一个哥哥。不幸的是，在居里夫人 9 岁的时候，她的大姐不幸病逝，母亲因悲痛也患上疾病，不久便撒手人寰。后来，她的父亲因反对沙皇俄国的统治而被学校解职。父亲失业后，家里仅靠以前的一点积蓄以及父亲在家给别的孩子上课挣的钱维持生计，生活非常艰苦。

当时的波兰正处于俄国统治之下，俄国人掌控着公立学校，学校一律采用俄语教学，压制波兰人的民族意识。当时波兰的孩子不准学波兰语，不准看用波兰语写的书，学习也要在沙俄监察员的监视下完成。但是居里夫人的父亲每天晚上都会为孩子们诵读波兰诗歌和散文，并且告诉他们“压迫会产生反抗，知识就是力量”。应该是从那时起，居里夫人的求知愿望被唤醒，在心里埋下了对祖国热爱、对侵略者憎恨的种子，那个为祖国解放而学习的念头开始在她的脑海里翻腾。

居里夫人从小学习勤奋刻苦，从不轻易放过任何学习的机会，在学习的时候不管周围怎么吵闹，都无法分散她的注意力。从上小学开始，她每门功课都考第一。由于居里夫人的父亲曾经在圣彼得堡大学攻读过物理学，父亲对科学知识的热爱也深深地影响了居里夫人。她时常听父亲讲述伽利略与牛顿的故事，也十分喜爱摆弄父亲实验室里的黄铜天平、玻璃试管以及各种实验仪器，当时她对“物质如何构成世界”充满好奇，急切地渴望探索科学世界。

然而，好景不长。15 岁时居里夫人以全科金牌优异成绩从中学毕业之后却不能继续上大学，因为在沙俄统治下的波兰，大学是不能接收女学生的。如果去巴黎读书，当时家里无法负担巴黎高昂的学费。当时同样以优异成绩毕业的二姐也由于经济困难，在家待了整整两年。最后，居里夫人决定先在家做家教挣钱供二姐读书，等二姐毕业后再供自己读书。因此毕业后，居里夫人选择成为一名家庭教师，白天教导富商子女，夜晚自学狄更斯、陀思妥耶夫斯基的著作，甚至偷偷研读父亲留下的微积分手稿。1891 年，24 岁的玛丽终于攒够路费，只身登上开往巴黎的火车。

初到巴黎时，居里夫人住在二姐家。但由于二姐家离学校太远，她得花费不少时间在上学和放学的路上。为了节省时间，并拥有一个更为安静的学习环境，居里夫人搬到了学校附近的一间小阁楼上。这间小阁楼虽解决了距离问题，但条件十分简陋、没有暖气，冬天房间里的水都会结冰。由于无法取暖，她常常被冻醒，不得不起来，把所有的衣物都盖在身上，每天都处于饥寒交迫的境地。但这些艰苦条件丝毫没有影响她的学习。

每天清晨，居里夫人总是第一个抵达教室，轻手轻脚地在前排落座，而后全神贯注地沉浸在每一堂课的学习之中。晚上 10 点钟，图书馆的灯都熄灭了，她才依依不舍地离去，回到自己的小阁楼，点上煤油灯继续学习到夜里两三点钟。刚到索邦大学时，她是物理系唯一的女生，且说着口音浓重的法语，因此常常遭到同学们的嘲笑。但同学们很快被她惊人的学习能力和精准的实验操作所折服。

1894 年，居里夫人因研究钢的磁性需要实验室资源，结识了巴黎市立工业物理化学学院的讲师皮埃尔·居里（Pierre Curie）。皮埃尔那时已因发现“居里定律”（磁性随温度变化的规律）在学术界闻名，却因不善交际常常被人们视作怪人，但居里夫人看到了皮埃尔·居里内心对科学的纯粹与执着。两人初次见面时，皮埃尔听到居里夫人对“能量守恒定律在铁磁材料中的适用性”的质疑，眼中瞬间闪过一丝惊喜，当即邀请她合作研究。科学理念的共鸣迅速转化为爱情。次年，他们举行了简单的婚礼。婚后，二人携手开展了更多关于放射性元素的研究。

1896 年，亨利·贝克勒尔（Henri Becquerel）发表了一篇工作报告，在这篇报告中，他详细介绍了自己通过多次实验发现的铀元素。这一发现为后续放射性物质的研究拉开了序幕。铀及其化合物具有一种特殊的本领，它能自动地、连续地放出一种人的肉眼看不见的射线，这种射线和一般光线不同，能透过黑纸使照相底片感光。它与伦琴发现的伦琴射线不同，伦琴射线需要高真空气体放电和外加高电压的条件才能产生，而这种射线无须这些条件，能从铀和铀盐中自动释放出来。

虽然，当时的学界对此发现漠然置之，但是居里夫人敏锐地意识到这种能量不依赖外界光照或化学反应，这让她大胆推测，其能量可能源自原子内部。她当即决定将此作为自己的博士课题，她的丈夫皮埃尔·居里也毅然暂停自己的晶体研究，全力支持妻子。他们决心深入探究这种神秘射线。为量化射线强度，居里夫人改造验电器，用石英纤维的偏转角度测量电离效应，这一自制仪器成为放射性研究的基石。

为寻找更多放射性物质，居里夫妇买下数吨沥青铀矿渣，在学院后院一间漏雨的简陋棚屋中开启了提纯工作。棚屋内阴暗潮湿，弥漫着刺鼻的气味，地上满是泥泞。没有机械臂助力，居里夫人每天用铁棒搅拌沸腾的矿渣，浓烟经常灼伤她的双手，煤灰也渐渐渗入她的肺叶，体弱的皮埃尔·居里则负责测定样本放射性。

1898 年 7 月，他们宣布发现新元素“钋”，这一发现为放射性元素的研究增添了新的成员；同年 12 月，他们再度分离出放射性比铀强百万倍的“镭”，这一成果震惊了科学界。由于当时主流科学家对这种看不见的元素心存疑惑，居里夫人为证明镭的存在，决定提炼纯镭盐。整整 4 年，他们白天授课，夜晚回到棚屋工作。终于在 1902 年，0.1 克氯化镭结晶而出，在黑暗中发出幽蓝的光芒。这一成果不仅证明了镭的存在，也为他们后续在放射性领域的研究奠定了坚实的基础。

1903 年，居里夫人与丈夫皮埃尔·居里以及亨利·贝克勒尔共同荣获诺贝尔物理学奖，这一殊荣是对他们在放射性研究领域卓越贡献的高度认可；1911 年，居里夫人再次获得诺贝尔化学奖，进一步奠定了她在科学界的崇高地位。居里夫人不仅是历史上首位两次获得诺贝尔奖的女性科学家，她在放射性和核科学领域的成就，对整个科学界都产生了深远的影响。

第一次世界大战爆发后，居里夫人意识到 X 射线可定位伤员体内弹片，便毫不犹豫地将诺贝尔奖奖金全部用于购买车辆，改装成“放射车”。这些“放射车”如同战场上的移动医疗站，为伤员的救治工作提供了极大的便利。她还发明了便携式 X 射线设备，帮助医生在战场上快速为伤员诊断伤情。前线医院里，她身着灰袍，操作笨重的仪器，帮助战场上每一位受伤的士兵。在战火中，她写下《放射学与战争》，首次系统阐述辐射的医学应用。她的这些努力不仅在战争中挽救了无数士兵的生命，也为医学领域中辐射技术的应用开辟了新的道路。

1934 年，居里夫人因长期遭受辐射，不幸患上白血病（血癌）而逝世。临终前，她面容憔悴却目光坚定，仍在病榻上艰难地记录着镭对肿瘤细胞的作用数据。居里夫人的一生致力于科学研究，为人类的进步做出了巨大贡献。

居里夫人的故事重新定义了创造力。在居里夫人的故事里，创造力不仅体现为发现新元素的技术突破，更彰显出以科学精神冲破性别、国界与成见的勇气。居里夫人证明了，真正的创新者从不受限于实验室的四面墙。正如爱因斯坦所言："在所有名人中，居里夫人是唯一未被荣誉腐蚀的人。"这句话深刻地揭示了居里夫人淡泊名利、专注于科学研究的崇高品格。

纵观居里夫人的一生，她如同一颗自行发光的放射性原子。她的创造力不仅体现在解开物质之谜，更体现在以纯粹信念照亮人类认知的盲区。今日，从癌症放疗到核能发电，从女性科学家群体的崛起到波兰民族独立精神的彰显，居里夫人的遗产仍在每个追求真理的角落燃烧。当我们在 CT 机前接受检查，或仰望核电站冷却塔的薄雾时，或许该想起那个在巴黎棚屋中搅动矿渣的瘦弱身影。居里夫人用自己的方式证明：最伟大的创造，永远始于对未知的无畏拥抱。居里夫人的精神如同一盏明灯，激励着一代又一代的人为追求真理而不懈奋斗。

本章小结

混乱的社会环境，往往是产生天才的沃土。当既有秩序崩塌、规则松动时，创造力反而如野草般疯长。李白的诗酒狂傲，正是盛唐与乱世交织下的产物，他的“天生我材必有用”并非单纯的自信，而是一种对时代不确定性的叛逆回应。安史之乱的动荡，让他的诗歌跳脱出宫廷诗的精致框架，以“仰天大笑出门去”的豪放，书写出中国文学史上最自由不羁的灵魂。

心理学中的“权利感知实验”也揭示了一个类似的有趣的现象，当个体感受到社会规则的可变性时，创造力会显著提升。实验中，当参与者被诱导产生“高权力感”则更倾向于打破常规思维，提出更具创新性的解决方案。

真正的创新者往往不是秩序的维护者，而是规则的破坏者，适度的叛逆倾向与创造力呈正相关，因为叛逆者更愿意质疑“理所当然”，并在混沌中寻找新的可能性。中国古人讲“乱世出英雄”，而今天的社会科学研究却告诉我们，混乱不是创造力的敌人，而是它的催化剂。当主流科学家对看不见的元素心存质疑，居里夫人却坚持努力，最终发现新元素“镭”。如果你感到创造力枯竭，或许不是因为你缺乏灵感，而是因为你太过适应现有的规则。偶尔的“失控”，反而能让大脑跳出思维定式，在不确定中发现惊人的可能性。

第四章

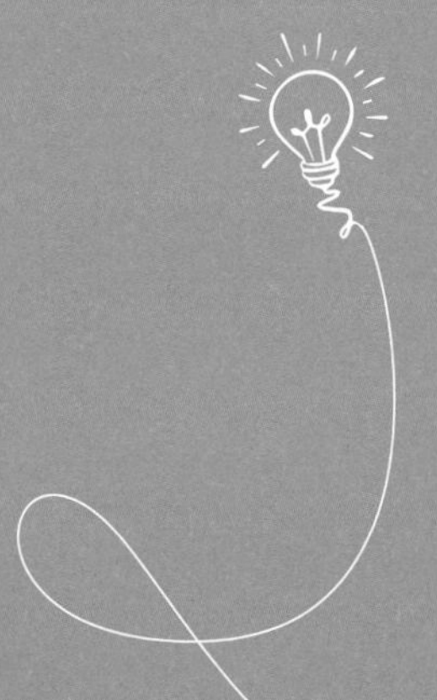

社会拒绝？不要怕

预测未来最好的方法就是去创造未来。

——现代管理学之父　彼得·德鲁克（Peter Drucker）

梭罗与瓦尔登湖

我每个工作日在MIT图书馆里写这本书，周末也会休息。有一个周末，我和家人一起去波士顿郊区看一个著名的湖——瓦尔登湖。

瓦尔登湖是美国波士顿郊区的一个并不大的湖，却因为美国作家梭罗（Henry David Thoreau）的著作《瓦尔登湖》而享誉世界，《瓦尔登湖》是美国文学中被公认为最受读者欢迎的非虚构作品之一。

那么，为什么《瓦尔登湖》会获得这么高的评价？原来，梭罗写作《瓦尔登湖》的时代背景是19世纪上半叶。当时的美国正处于由农业时代向工业时代转型的阶段。伴随着工业化的脚步，美国经济迅猛发展，蓬勃发展的工商业造成了社会大众当时普遍流行的拜金主义思想和享乐主义思想占绝对主导地位。同时，这也刺激着人们对财富和金钱的无限制追逐，人们都在为了获取更多的物质财富而整日忙碌着。

面对这种现象，身为哈佛大学毕业生的梭罗后来决定独自一人住进了离波士顿不远的瓦尔登湖畔林中。从 1845 年 7 月到 1847 年 9 月，梭罗独自生活在瓦尔登湖边。梭罗自己建了一个小木屋，并在这个简陋的小木屋里坚持每天写作。在那两年多的时间里，梭罗自食其力，完全靠自己的双手建屋取食，过上了一种极简的生活。梭罗通过自己的实践向世人证明，人们完全不应该将时间倾注于无休止的物质追求，而应当将更多的时间用于精神和思想的探索。

可以说，正是在瓦尔登湖隐居的两年时间里，梭罗写出了《瓦尔登湖》这部传世巨著。那么，一个自然而然的问题出现了：隐居这种与世隔绝的状态是否可以提高人们的创造力？换句话说，社会拒绝是否可以提高人们的创造力？

其实，除了梭罗，很多文学家、诗人、科学家、艺术家等高创造力的人，往往给人的印象就是专注于自己的思想和艺术，而不太懂社会上的各种人情世故。有时候，人们会觉得他们有点像书呆子，离真实的社会好远。可以说，正是因为他们远离各种人事的侵扰和盛名的浸染，才在文学、艺术或科学的道路上攀上了光辉的顶点。人情世故和世俗社会就像一股强大的引力，将人们限定在“正常”的范围，而高创造力的天才却往往不受这种限制。他们往往不怕被社会拒绝。例如，著名数学家陈景润少年时就酷爱数学，数学成绩在班里总是名列前茅，但他不善言谈，不喜欢交际，在那些穿着整齐、欢声笑语的同学面前，总是自惭形秽。又如，北京大学数学系的天才韦东奕被人称为“韦神”，却总是非常朴素。有一次韦东奕被采访者遇到，发现他拿着一个矿泉水瓶，拎着三个白面馒头，一身的衣服非常朴素，低调得像个学生。

这些高创造力的天才，其性格往往非常内向，甚至很少进行社会性交往。由此我想到，社会拒绝是否可以提高人们的创造力？尽管有许多名人轶事可以支持这个假设，但毕竟并非科学数据。那么，有没有科学实验去研究社会拒绝是否会提高人们的创造力？

社会拒绝

2013 年，约翰霍普金斯大学的莎伦·金（Sharon Kim）和康奈尔大学的凯瑟琳·文森特（Lynne Catherine Vincent）以及杰克·贡萨洛（Jack A. Goncalo）共同研究了社会拒绝与创造力的关系。他们做了一系列实验，最后的研究成果发表在《实验心理学》(*Journal of Experimental: General*）上。

在第一个实验里，被试是 43 个美国大学生。在正式实验开始的一个星期前，这些被试参加了一个心理学量表的测量。这个心理学量表研究的是独特性需求（need for uniqueness）。之所以测量每个实验参与者的独特性需求，是因为社会拒绝对于不同的人可能会产生不同的效果。莎伦·金等三人的预测是：社会拒绝会提高创造力，而且这个效应对那些有高独特性需求的人更强。

一个星期之后，正式实验开始了。所有的实验参与者被随机分配到两个组：社会拒绝组和社会接受组。在社会拒绝组，每个实验参与者都被告知他没有被选中加入一个小组，因此需要单个人完成接下来的实验任务。相反，在社会接受组，每个实验参与者都被告知他被选中加入一个小组，只需要完成一些实验任务之后就可以加入该小组。聪明的你是否已经看出来了？这实际上就是自变量社会拒绝与否的操纵（社会拒绝 vs 社会接受）。

接下来，所有的实验参与者都被要求在 7 分钟之内解答 7 道 RAT 题。这实际上就是对因变量创造力的测量。在这个实验里，每一道 RAT 测试题会给出三个词语，这三个词都与目标词高度相关，实验参与者的任务是猜出目标词。例如，对于“fish（鱼）”，“mine（矿）”和“rush（潮）”这三个词，你能猜出来相关的第四个词是什么吗？①

最后，让我们来看一看实验结果。这个实验有两个自变量，一个自变量是操纵的社会拒绝，另一个自变量则是测量的独特性需求。实验结果发现，两个自变量都有显著的主效应，即社会拒绝显

---

① 正确答案是“gold（金）”。对应的三个单词分别是：goldfish（金鱼）、gold mine（金矿）和 gold rush（淘金潮）。

著提高了创造力，而独特性需求也和创造力高度正相关。有意思的是，两个自变量之间还有显著的交叉效应。具体来说，对于社会拒绝组的被试来说，他们的独特性需求和创造力显著正相关；相反，对于社会接受组的被试来说，他们的独特性需求和创造力并没有显著的相关关系。

这个实验初步验证了莎伦·金等三人的预测，但也有缺点——独特性需求在这个实验中并非操纵的自变量，而只是测量的自变量。因此，莎伦·金等三人又做了第二个社会拒绝实验。

独立 vs 依存

在第二个实验里，被试是 80 个美国大学生。这是一个 2×2 的复杂实验。第一个自变量是社会拒绝与否（社会拒绝 vs 社会接受），第二个自变量是自我感知（独立自我 vs 依存自我）。其中，社会拒绝与否的操纵与第一个实验完全相同，而自我感知的操纵则是通过被试在一段短文中对代词进行画圈来实现的。其中，独立自我组的被试看到的代词全都是个人代词（如：我、我的），而依存自我组的被试看到的代词全都是集体代词（如：我们、我们的）。聪明的你应该已经看出来了：独立自我就是个人主义，而依存自我就是集体主义。在两个自变量都操纵完成后，每个被试都被要求做 RAT 题，以进行创造力的测量（和前一个实验一样）。

现在，让我们来看一看实验结果。实验结果发现，自变量自我感知有显著的主效应，即独立自我（个人主义）显著提高了创造力，而自变量社会拒绝并没有显著的主效应，但二者之间有显著的交叉效应。具体来说，对于独立自我组（个人主义）的被试来说，社会拒绝时他们平均解答了 4.0 道 RAT 题，而社会接受时他们平均只解答了 1.5 道 RAT 题，二者之间的差异在统计上是显著的。换句话来说，对于独立自我组（个人主义）的被试来说，社会拒绝提高了他们的创造力。

相反，对于依存自我组（集体主义）的被试来说，社会拒绝反而显著降低他们的创造力水平。社会拒绝时他们平均解答了 1.25 道 RAT 题，而社会接受时他们平均解答了 2.7 道 RAT 题，二者之间的差异在统计上是显著的。换句话来说，对于独立自我组（个人主义）的被试来说，社会拒绝反而降低了他们的创造力。最后，如果把独立自我组里被社会拒绝的被试单独拿出来看，他们平均解答了 4.0 道 RAT 题，显著高于其他任何三组被试。

努力培养孩子的独立性

如果把这两个实验的结果结合起来看，我们可以得出这样的结论：在独立自我或者高独特性需求的情况下，社会拒绝会提高创造力。同时，无论是独立自我，还是高独特性需求，都可以提高创造力。这个结论对我们有非常大的启示。

首先，并不是所有人在社会拒绝时都会提高创造力。只有对于那些独立自我或者高独特性需求的人来说，社会拒绝才会提高创造力。而且，无论是独立自我，还是高独特性需求，都可以提高创造力。因此，我们一定要重视独立自我和高独特性需求的培养。

例如，家长在培养孩子时，要鼓励孩子独自睡觉、独立做很多事情，这样才能提高孩子的创造力。例如，美国人生孩子后，无论婴儿多小，都会让婴儿独自睡婴儿床。然而，我们的一些家庭喜欢父母（或至少妈妈）和婴儿在一起睡。又如，美国人的孩子跌倒之后，父母往往鼓励孩子自己爬起来，并用“宝贝，你真勇敢”等话语来鼓励孩子。相反，我们的孩子跌倒之后，很多父母会心疼得不得了，赶紧过去把孩子抱起来，并用“宝贝，疼吗”等话语来安抚孩子。这样其实孩子就缺失了独立爬起来的机会，也会慢慢变得不独立。

一个孩子是否独立，其实主要取决于家长的培养方式。我有一个清华的同学朋友，每逢寒暑假，他就让自己刚上小学的儿子独自坐飞机往返于北京和老家之间。而身边大多数朋友的孩子直到小学毕业 12 岁时可能都不敢独自坐飞机。其实，航空公司对单独飞的孩子或者老年人都会提供陪伴服务，家长只需要把孩子交给机场人员即可。但是，大多数家长仍然不放心。只要父母敢于给孩子一次历练的机会，就会发现孩子其实可以很独立。

再以大学生为例。在美国，许多大学生需要自己付学费，或者自己承担生活费。为此，他们往往在大学里一边学习一边打工，大学毕业后就基本上独立了。相反，我们大多数大学生靠父母承担学费和生活费，很少有人去打工。这也导致许多大学生不够独立，毕业后仍然在“啃老”。

辍学创业，却成为商业领袖

在美国，大学生确实非常独立，很多大学生敢于辍学创业，有些甚至成为举世闻名的商业领袖，如我们熟知的苹果公司（Apple）的创始人乔布斯（Steve Jobs）、微软公司（Microsoft）的创始人比尔·盖茨（Bill Gates），脸书公司（Facebook，现更名为Meta）的创始人扎克伯格（Mark Zuckerberg）。特别是比尔·盖茨和扎克伯格，他俩都是哈佛大学的本科生，却敢于辍学创业。

以扎克伯格为例。1984 年 5 月 14 日，扎克伯格出生于纽约的一个犹太人家庭。扎克伯格中学时就热爱写程序。2002 年，扎克伯格从艾克塞特高中毕业，进入哈佛大学就读本科。

2003 年，也就是在哈佛大学读本科二年级时，扎克伯格开发出名为 Facemash 的程序，让学生可以在一堆照片中选择最佳外貌的人。扎克伯格最初做这个只是因为好玩。然而，该程序仅仅上线四天，就被哈佛校方关闭，因为哈佛的服务器爆了。此外，很多学生也反映，他们的照片未经授权被使用。

哈佛大学校报《深红报》当时这样记载：扎克伯格创建了 facemash.com，被指控“违反安全、侵犯版权和侵犯个人隐私”，必须面临行政委员会的裁决，以确定是否将他踢出校门。

为此，扎克伯格后来进行了公开道歉，并在校报上公开表示“这是不适当的举动”。痛定思痛之后，扎克伯格在新的学期里搭建了全新的社交网络 thefacebook.com，该网站允许用户创建包含个人信息和照片的个人账户，这便是脸书公司的前身。结果，短短的一个月之内，半数以上的哈佛本科生已经成了注册用户。后来，脸书公司迅速扩展到麻省理工学院、波士顿大学和波士顿学院。到了 2004 年 4 月，所有常春藤院校的学生都加入了脸书公司。后来，为了专注于网站开发，扎克伯格断然从哈佛大学二年级辍学，并将公司搬到加州硅谷所在地的帕洛阿托市（Palo Alto）。

此后，脸书公司开始迅速发展，用户量不断攀升。在 2006 年《福布斯》采访中，扎克伯格坦言退学创业是受比尔·盖茨的启发。“盖茨鼓励我们利用课余时间从事某个项目，而当时哈佛也允许学生休学创业。当时盖茨开玩笑地对我们说，如果微软失败，我会重返哈佛。”

或许正因如此，才有了扎克伯格的成功。2012 年脸书公司在纳斯达克成功上市，扎克伯格成为富豪。2017 年，美国《福布斯》发布 2017 年度全球富豪榜，扎克伯格以 560 亿美元的身价排名第五，成为全球 80 后中最富的人。同年 5 月，扎克伯格应邀回到哈佛大学给毕业生演讲，并荣获哈佛大学的荣誉法学博士学位。2019 年 4 月 18 日，扎克伯格上榜美国《时代》（*Time*）杂志 2019 年度全球百位最具影响力人物榜单。2024 年 10 月，马克·扎克伯格首次超越亚马逊公司创始人贝索斯，成为世界第二大富豪。

爱迪生：从被学校开除的孩子，到点亮世界的发明之王

在人类文明发展的历史长卷中，托马斯·爱迪生（Thomas Edison）的名字熠熠生辉。这位 19 世纪最伟大的发明家用惊人的创造力和坚韧不拔的毅力，彻底改变了人类文明的发展轨迹。从照亮千家万户的白炽灯到记录声音的留声机，从改变娱乐方式的电影摄影机到奠定现代电力系统的直流供电技术，爱迪生的每一项发明都几乎触及了现代生活的每一个角落，如同一把金钥匙，为人类打开了通向现代文明的大门。

作为被《生活》(*Life*）杂志评为“过去千年最有影响力的百人”之一的发明家，爱迪生本身就是一部关于创造力的教科书。下面，就让我们一起走进爱迪生的世界，了解他是如何从一个被学校拒之门外的孩子成长为点亮人类文明的发明之王的。

1847 年 2 月 11 日，爱迪生出生于美国俄亥俄州米兰镇的一个普通家庭。他的父亲塞缪尔是一名小商人，母亲南希曾是一名教师。爱迪生是家中七个孩子中最小的一个。他从小就表现出与众不

同的特质——对外界的一切充满好奇，总是追着大人问“为什么”。这种旺盛的求知欲让他在同龄人中显得格格不入，但也为他日后的发明生涯埋下了种子。

爱迪生的童年并非一帆风顺。他 7 岁时开始接受正规教育，但仅仅上了三个月的课，就被学校开除了。学校开除他的原因是，他在课堂上一直提问，例如：“风是怎么产生的？”“1+1 为什么等于 2 而不是 4？”“为什么火会燃烧？”等等。由于他不停地提问，学校认为他是“智力迟钝”的低能儿，最终将他开除。

被学校开除之后，爱迪生被母亲带回家中亲自教导。爱迪生的母亲是一位受过良好教育的乡村教师，在亲自教导爱迪生的过程中，她很快就发现儿子对科学特别是化学有着浓厚的兴趣。原来儿子并非愚笨，而是传统教育方式不适合他，他更喜欢通过实验和阅读学习。之后，她为爱迪生购买了很多书籍，如《自然哲学的学校》和《派克科学读本》，并且支持爱迪生在家中做实验，允许家里的地下室成为一个“家庭实验室”。正是在这个实验室中，爱迪生开始了他的实验探索生涯。在这个实验室里，爱迪生收集了大约 200 瓶化学试剂，并将它们标记为“毒药”，以防止外人接触。他用零花钱购买实验材料，并通过自学掌握了电学、化学等领域的知识。

12 岁时，因家庭贫困，爱迪生开始在往返休伦港和底特律之间的火车上卖报纸，并逐渐发展出多种经营方式，包括代销糖果、水果等。在卖报纸的同时，他利用火车上的空闲时间进行化学实验，还在车厢内建立了一个小实验室。

1862 年 8 月的一天，爱迪生偶然在火车轨道上救下了一名几乎被火车撞到的小男孩。这个小男孩正是火车站长麦肯齐的儿子。为了报答爱迪生的救命之恩，麦肯齐主动提出要教他电报技术，爱迪生很快就掌握了这项技能。在麦肯齐的推荐下，他进入铁路公司成为一名电报员。在担任电报员工作期间，爱迪生继续着他的创新实验，他对电报机进行了多次改进。在改良传统电报机的基础上，他发明了二重发报机，这种设备能够在同一条线路上同时发送两条电报信息，这是电报技术发展中的重大突破。

在此期间，爱迪生凭借自己出色的学习能力，很快适应并熟练掌握了电报员的工作，但他并不满足于此，开始尝试发明自己的设备。1868 年，21 岁的爱迪生申请了第一项专利——电动投票记录仪。这项发明的灵感来源于爱迪生对当时国会投票效率低下的观察。他看到国会议员需要手动记录投票结果，整个过程不仅耗时，还容易出错。于是，他利用电报技术的原理，设计了一种可以通过按下开关来记录“是”或“否”的装置，并使用化学处理过的纸张打印出投票结果。

爱迪生于 1868 年 10 月 28 日向美国专利商标局提交了这项发明的专利申请，并于 1869 年 6 月 1 日正式获得专利（专利号 US90646）。尽管这项发明在技术上是成功的，但并未受到市场的欢迎。原来，政客们认为它“太快了”，担心投票速度过快会影响到实际的政治操作，因此这项技术未能被广泛应用。在这次失败中，爱迪生也明白了一个道理：发明必须满足实际需求。从此，爱迪生将“实用性”作为自己发明的核心准则。

1870 年，爱迪生向西部联合公司出售一项专利，并获得 4 万美元资金。带着这笔创业资金，他搬到了新泽西州的纽瓦克，建立了一家自己的工厂，专门制造电气机械和其他设备。这家工厂是他早期发明活动的重要基地，他在这家工厂中发明了许多重要的设备，包括电笔、蜡纸、油印机及四重电报机。

1876 年，爱迪生在新泽西州门洛帕克投资 2 万美元建立了门洛帕克实验室，这是世界上第一个真正意义上的工业研究实验室。与传统科学家单打独斗不同，爱迪生在这里组建了一支跨学科团队，将发明流程系统化——从理论研究到实验验证，再到工业化生产，形成了一套完整的创新体系。这一模式奠定了现代企业研发中心的雏形，至今仍是科技创新的典范。

门洛帕克位于纽约市西南约 50 英里处，在这里建立实验室，可以远离纽约市区的喧嚣和干扰，这为爱迪生提供了一个安静的实验环境。同时，这间实验室靠近铁路线，交通便利，为爱迪生及其团队开展实验和生产活动提供了便利的交通环境。在门洛帕克实验室里，爱迪生带领团队发明了留声机、白炽灯泡、碳精麦克风和电话发射器等。其中，1877 年发明的留声机是世界上第一个录音设备；1879 年，爱迪生点亮了第一个白炽灯泡，标志着电力照明时代的到来。

爱迪生最著名的发明莫过于电灯。在 19 世纪 70 年代，煤气灯是家庭照明的主流，但它存在诸多隐患：燃烧不完全会产生一氧化碳，导致中毒事故频发；火焰容易引燃家具或衣物，酿成火灾；亮度有限，维护成本高昂。爱迪生决心改变这一现状，他发誓要发明一种比煤气灯更安全、更明亮、更经济的照明方式。他尝试了上千种材料作为灯丝，从竹子到铂金，甚至包括朋友的胡子，无数次失败之后，终于在 1879 年找到了最合适的材料——碳化棉丝。用这种材质制作的灯丝可以持续发光 13.5 小时，这一发明彻底改变了人们的照明现状。

门洛帕克实验室是爱迪生创造力的摇篮，在这里，爱迪生完成的诸多发明不仅改变了人类的生活方式，也奠定了现代电气工业的基础。1887 年，爱迪生又将他的实验室和工厂迁移到新泽西州的西奥兰治，西奥兰治实验室时代是托马斯·爱迪生职业生涯中的一个关键的阶段，这一时期是他从基础研究转向大规模工业生产和商业化应用的关键转变时期。

西奥兰治实验室是当时世界上最大的私人实验室之一，不仅占地广阔，而且设备相当先进，这间实验室被设计为一个垂直整合的制造设施，从原材料到成品的生产过程都在同一地点完成。爱迪生在这里集中了世界各地的机械设备，同时聘请了大量专业人才，包括科学家、工程师和工匠，他们利用这间实验室不仅发明新产品，还致力于改进现有技术。在西奥兰治实验室工作的 44 年间，爱迪生取得了超过 1093 项专利，这些发明对当时的工业、社会和文化各个领域产生了深远的影响。

晚年的爱迪生依然活跃在发明一线，他改进了电影摄影机，发明了碱性蓄电池，甚至还尝试从植物中提取橡胶。1931 年 10 月 18 日，84 岁的爱迪生在新泽西的家中安详离世。葬礼当晚，全美国的电灯熄灭一分钟，向这位点亮世界的发明之王致敬。这个感人的时刻，象征着人类文明对这位伟大发明家最深切的怀念。

爱迪生的成功绝非偶然。他每天工作超过 16 小时，常常说："天才是 1% 的灵感加上 99% 的汗水。"这句名言也生动地诠释了他的创新哲学。他建立了系统的创新方法，坚持需求导向，解决实际问题，采用平行测试，同时又尝试多种方案，他重视团队协作，汇集不同领域的专家。这些方法至今仍是创新管理的典范。更重要的是，他始终保持着对新鲜事物的好奇心和对失败的宽容态度。在他看来，每一次失败都不是终点，而是通向成功的必经之路。

爱迪生留给世界的遗产远不止于那些改变世界的发明，更重要的是他留给后人的创新精神。从乔布斯到马斯克，无数科技先驱都深受爱迪生的影响。他用自己的一生证明：创造力不是与生俱来的天赋，而是源于永不满足的好奇心、百折不挠的坚持和脚踏实地的实践。

今天，当我们享受着电灯带来的光明、听着由留声机演变而来的数字音乐、观看着电影摄影机发展出的高清影像时，我们更应该铭记爱迪生这位伟大发明家的贡献。在这个科技日新月异的时代，爱迪生的故事依然具有强大的启示意义。它告诉我们：创造力不是遥不可及的天赋，而是每个人都可以培养的能力；成功不是一蹴而就的奇迹，而是日积月累的结果。只要保持探索的热情和坚持的勇气，每个人都能在各自的领域里，点亮属于自己的那盏明灯，为人类文明的进步贡献一份力量。

爱迪生的一生，是人类创新精神的巅峰写照。从被贴上“低能儿”标签的辍学儿童，到点亮世界的发明之王，他证明了真正的天才源于永不言弃的探索。在人工智能重塑世界、清洁能源颠覆传统的今天，爱迪生的精神更显珍贵——他教会我们，创新不是少数人的特权，而是每个敢于提问、勇于试错的人的权利。

正如爱迪生所说：“我们才刚刚触及知识海洋的浅滩。”面对未来的无限可能，让我们以爱迪生为炬，用好奇心驱散未知的迷雾，用坚持凿穿困难的壁垒。当全球灯火再次为纪念他而熄灭时，我们铭记的不仅是历史，更是一个永恒的信念：人类的进步，永远始于那颗敢于梦想、执着求索的心。

本章小结

当世界对你说“不”时，这或许正是创造力的开始。梭罗在瓦尔登湖畔独居两年，远离社交的喧嚣，却在孤独中写下《瓦尔登湖》这部自然文学的经典。莎伦·金的社会拒绝实验，用实验的方式证明，适度的社会拒绝能增强个体的独立性思维，提升创造力水平。当一个人不被群体接纳时，他的思维会从“社会规范”中解放，转而依赖内在的独特视角，就像荷兰画家梵高生前被艺术圈排斥，却因此发展出前所未有的表现主义绘画风格。爱迪生小学仅仅上了三个月就被学校开除了，他却成为拥有上千个专利和点亮世界的发明之王，证明了真正的创造力源于永不言弃的探索。

孤独不是空虚，而是灵感的发酵池。如果你正感到格格不入，那请你一定不必焦虑，或许你只是站在了创造力的边缘地带，创造力需要孤独的土壤，真正的创新往往诞生于人群之外。

第五章

学生是否应该穿校服?

创造力不是神秘的天赋，而是一种可以学习和应用的技能。

——英国心理学家　爱德华 · 德 · 波诺

（Edward de Bono）

什么工作需要穿统一服装？

在日常生活和工作中，我们会发现一种现象：有些工作需要穿统一服装，有些工作则不需要穿统一服装。例如，流水线工人、餐厅服务员、飞机上的乘务员、火车上的乘务员、护士、医生、警察、军人等许多工作要求穿统一的制服。相反，也有一些工作允许员工自由选择任何服装。例如，美国硅谷的许多高科技公司如谷歌、脸书、苹果等的总部里，许多员工可以穿短裤和 T 恤等非常随便的衣服上班。一个自然而然的问题出现了：为什么有些工作要求穿统一服装，而有些工作则不要求穿统一服装？

有许多原因导致一些工作要求穿统一服装，其中之一是其可以提高员工的自律和忠诚，这无疑可以规范员工的行为，增强员工的纪律性。例如，军人的天职就是服从。类似地，流水线工人、餐厅服务员、飞机上的乘务员、火车上的乘务员、警察、护士、医生等许多工作要求员工服从上级安排和具有纪律性。换句话说，这些工作需要的是服从，而不希望员工有天马行空的各种想法。而一些高科技企业或互联网大厂，许多员工可以穿短裤和 T 恤等非常随便的衣服上班，这其实是因为公司领导希望员工不受规则的限制，鼓励创新和创造力。

校服实验

在我国很多城镇的中小学，学生被要求穿着统一的校服上学。那么，穿统一的校服是否会降低学生的创造力？ 2016 年，我和我的博士生陈辉辉（现任教于上海大学悉尼工商学院）一起对这个问题进行了深入研究，最后我们把研究成果写成论文《多样性促进个体创造力》，并把论文发表在《营销科学学报》上。当时，我们设计了一个现场实验来验证这个假设。

353 名福建省宁德市某高中的高中生参加了这个实验，他们的平均年龄是 16.59 岁，59.8% 是女生。这所学校规定学生周一需要统一穿校服，参加每周一次的升国旗仪式；而周二至周五则不需要穿校服。这给了我们一个机会设计一个实验：我们在周一和周四两个时间点操纵学生的穿着，并测量学生的创造力。

我们选取成绩相当、任课老师相同的兄弟班级做对比。总共有

8个班级，共353名学生参与了我们的研究。其中，四个班级来自高一，分别用A、B、C、D表示；另外四个班级来自高二，分别用E、F、G、H表示。A班级与B班级成绩相当，任课老师相同，上课进度也一样；同样地，C班级与D班级、E班级与F班级、G班级与H班级也是如此。

我们在周三放学前告知A班、E班同学周四需要穿校服；同时我们告诉与之相对应的兄弟班级B班、F班同学不要穿校服。同样地，我们在周五放学前告知C班、G班同学下周一需要穿校服；同时告诉与之相对应的兄弟班级D班、H班同学下周一不要穿校服。然后，在周四与周一早上的晨读课，我们请所有同学完成关于报纸用途的创造力测试。

接下来让我们一起来看看实验结果。首先，有15名学生没有按要求穿着，因此被排除在外，剩下338名学生的数据。我们首先完成周四的数据采集，第二周的周一再完成第二个时间点的数据采集。不幸的是，由于学生之间的交流，第二周周一完成问卷的同学事先知道了问卷内容，并讨论了创造力测试的答案。因此，我们在数据分析中需要排除周一所收数据。同时，我们在下文的数据分析中也会呈现有全部数据的结果。

关于报纸的创新用途，所有学生总共列出了1046种不重复的创造力用途。我们邀请了11名裁判独立对这些用途进行创造力打分，取平均分作为每一个用途的分数，最后算出每一个学生回答用途的数量以及获得的创造力总分。首先对比创造力总分，结果发现，不穿校服的学生比穿校服的学生获得更高的创造力总分，其差异在统计上是显著的。如果把周一的数据加入分析，结果趋势依然不变。接着，对比想法的数量，结果显示，不穿校服的学生比穿校服的学生列出更多的想法，其差异在统计上是显著的。如果把周一的数据加入分析，结果趋势依然不变。

总结一下，校服实验发现，不穿校服的学生比穿校服的学生表现出更高的创造力。这个实验结果对我们的教育体制改革有非常大的启发。长期以来，中国一直强调从制造大国转型成为创新大国。这是因为，对于一个国家的经济发展来说，创新至关重要。而创新的关键在于培养和发挥人才的创造力。著名的钱学森之问一直得不到解决。我们的教育应越来越重视培养学生的创造力。例如，我国中小学目前大都有校服。而校服实验告诉我们，对于学生的校服着装要求可以适当放松，这样才有助于培养学生的创造力。类似地，对于企业里强调创造力的研发部门，在服装上也不必要求统一，因为一旦每个研发人员开始穿搭统一的制服或者西装领带，恐怕他们的创造力也会被束缚。

水果实验

当然，校服实验也有缺点，因为它并不是在实验室中严格控制其他相关变量的实验。与此同时，如果不穿校服确实能提高创造力，那么其背后的机制又是什么呢？当时，我认为背后的机制是多样性促进创造力，但也有学者认为校服实验的结果存在一些其他的可能解释。例如，或许学生在不穿校服时会感到更多自由，从而更有创造力；或许学生在穿校服时感到了社会规范或者感受到了限制，从而降低了创造力。

为了进一步验证校服实验背后的机制，我们后来又做了几个实验室里的实验，并采用不同的自变量操纵和多种因变量测量，同时在不同人群被试中去重复验证。其中有一个实验用水果种类的多少来操纵多样性，所以我们不妨把这个实验称为“水果实验”。这个实验的参与者是福建省某高中的 97 名高中生，他们的平均年龄是 16.22 岁，其中女生占 58.5%。所有参与者被告知参加一份简单的调查，这份调查由两部分独立的内容构成。第一部分是照片评价。在这一部分中，实验参与者被随机分配到 2 组：多样性组和对照组。每一个参与者都收到一张彩色打印的 A4 纸，上面印有 16 种不同的水果图案（多样性组），或者印有 16 种相同的水果图案（对照组）。为了控制不同水果颜色可能产生的干扰，对照组共有三个版本，对照组的参与者随机地收到其中的一个版本。这个照片评价任务要求参与者在量表上评价这张图片的画质和清晰度。完成照片评价任务以后，所有参与者完成第二个任务——报纸用途创造力测试。

参与者共列出了 191 条不重复的报纸用途。与校服实验类似，我们招募了 13 名独立裁判对这些用途进行打分（1 = 毫无创造力；9 = 非常有创造力）。13 位裁判所给分数的加权平均形成了每一个想法的创造力分数。每一个参与者列出的所有想法的分数总和形成了这个参与者的创造力总分。最后，我们将通过两个指标考察参与者的创造力：创造力总分和所列想法的数量。

现在，让我们一起来看看实验结果。结果显示，多样性组的参与者确实列出更多、更有创造性的想法。首先，从想法的数量上看，多样性组的参与者平均列出 3.63 条想法，而对照组的参与者平均列出 2.67 条想法，二者之间的差异在统计上是显著的。其次，从参与者的创造力总分上看，多样性组的参与者的创造力总分为 15.02，而对照组的参与者的总分为 11.05，二者之间的差异在统计上也是显著的。因此，水果实验的结果说明，多样性确实可以提高创造力。

服装实验

上述校服实验和水果实验的实验参与者都是高中生，他们是未成年人，或许创造力发展还未成熟。因此，为了进一步验证“多样性提高创造力”这个效应的稳健和普遍性，我们在后面的实验中招募了成年人做实验参与者。

其中，有一个实验用服装种类的多少操纵多样性，所以我们不妨把这个实验称为“服装实验”。本实验的参与者是北京某综合大学的 112 名大学生，他们的平均年龄是 21.86 岁，其中女生占 39.3%。

“服装实验”的实验过程与“水果实验”相似，除了图片有区别。实验参与者被随机分配到 2 组：多样性组和对照组。每一个参与者都会收到一张彩色打印的 A4 纸，上面印有 16 种不同的 T 恤图案（多样性组），或者印有 16 种相同的 T 恤图案（对照组）。完成图片评价后，所有参与者须完成报纸用途创造力测试。

服装实验的参与者总共列出了 178 条不重复的报纸用途。与“水果实验”相似，我们招募了 10 名独立裁判对这些想法进行评分，并计算出每一个参与者的创造力总分以及想法数量。

最后，让我们一起来看看实验结果。首先，从想法的数量上看，多样性组的参与者平均列出 2.86 条想法，对照组的参与者平均列出 2.02 条想法，二者之间的差异在统计上是显著的。其次，从参与者的创造力总分上看，多样性组的参与者的创造力总分为 11.36，而对照组的参与者的创造力总分为 8.46，二者之间的差异在统计上也是显著的。因此，服装实验的结果说明多样性确实可以提高创造力。

颜色实验

还有一个实验用颜色的多少来操纵多样性，所以我们不妨把这个实验称为“颜色实验”。本实验的参与者是北京某综合大学的 110 名大学生，他们的平均年龄是 22.92 岁，其中女生占 64.2%。实验参与者被随机分到多样性组和对照组。

在“颜色实验”中，参与者的任务是完成 8 道 RAT 题。我们通过改变这 8 道题目的背景颜色来操纵多样性。在多样性组，8 道 RAT 题的背景色是橘色、绿色、蓝色、红色的交错排列。在对照组，8 道 RAT 题的背景色只有一种：或是橘色，或是绿色，或是蓝色，或是红色。

最后，让我们一起来看看实验结果。结果显示，相比对照组，多样性组的参与者答对了更多的 RAT 题，二者在统计上的差异是显著的。因此，“颜色实验”的结果再次说明多样性确实可以提高创造力。

多样性促进创造力

至此，我们一共采用 4 个实验使用不同的多样性操纵和创造力测量，多次重复验证了多样性促进个体创造力这个假设。因此，如果希望提高孩子的创造力，那么一定要有意识地主动为孩子创造多样性的环境，包括去不同的国家或者省份旅游，家里的布置要五颜六色一些，买食品时要鼓励孩子多尝试各种不同口味，孩子的衣服要多一些款式和颜色，等等。同时，我们要鼓励孩子大胆追求多样性和与众不同。

实际上，如果观察不同孩子的服装，你确实会发现不同国家之间是有差异的。以日本为例，所有孩子每天都需要穿统一的校服上学。相反，在美国，公立学校的孩子并没有统一的校服。而这个区别，可能正是美国孩子创造力高于日本孩子创造力的原因之一（其他原因包括：日本鼓励孩子遵守规则，而美国则鼓励孩子打破规则；日本鼓励孩子们求同——和大多数人一样，美国则鼓励孩子们求异——和大多数人不一样；美国有多元的种族，而日本则是单一的民族；等等）。

多重社会身份

多样性不但体现在衣服、颜色、口味等维度上，多重社会身份其实也是多样性的一种。多重社会身份对创造力的影响也在许多论文中被加以研究。许多享有盛誉的名人通常也不仅仅在一个领域有突出成就，例如歌德（Johann Wolfgang von Goethe），尽管他已经离开我们 200 多年，但他留下的作品如《少年维特的烦恼》仍然感动着今天的我们。歌德不仅是一位极具创造力的小说家、剧作家和诗人，还是一位活跃的植物学家、验光师、解剖学家、矿物学家、美学家、自然哲学家、经理、画家、大学管理员、政治家——他曾担任国家财政部部长，写过一篇关于色彩理论的文章，创作了 2000 多幅画。

那么，多重身份和创造力有什么关系？美国著名心理学家、哥伦比亚大学商学院的亚当·加林斯基（Adam Galinsky）教授和他的团队对此进行了许多研究。亚当·加林斯基教授本科毕业于哈佛大学心理学系，博士毕业于普林斯顿大学心理学系，目前担任哥伦比亚大学商学院的副院长，也曾经担任过哥伦比亚大学商学院管理系的系主任。在此之前，他还曾在西北大学凯洛格管理学院任教。他在多个国际知名的学术期刊上发表了超过 200 篇学术论文。他的研究成果曾被《经济学人》《华尔街日报》《金融时报》《纽约客》等众多国际著名刊物及媒体引用。

亚当·加林斯基教授和他的团队曾对多重身份和创造力的关系进行了多个研究，并将研究成果发表在《人格与社会心理学通讯》（*Personality and Social Psychology Bulletin*）上。在第一个研究中，参与者是澳大利亚一所大学的 208 名在校学生。首先，每一个学生都被要求在 3 分钟内为一种新的意大利面想出有新意的名字，写得越多越好。聪明的你一定已经看出来了，这实际上就是对学生们进行创造力测量。之后，每个学生也被要求回答一份多重身份的量表，以收集他们的多重身份信息，量表中包含的题目包括“我属于很多不同的群体”“我和很多不同的群体有着紧密的联系”等。最后，线性回归测试结果显示，学生的多重身份与创造力之间存在明显的正向相关关系，该相关关系在统计上是显著的。也就是说，参与实验的学生拥有的身份越多，他们为新产品想出的名字也就越多。

在这个研究之后，亚当·加林斯基教授和他的团队又进行了两个不同的研究，并使用了“砖块任务”作为创造力的测量。这两个研究中，一个使用了 131 个澳大利亚某大学的学生作为被试，另一个则使用了亚马逊在线研究样本库里的 480 个成年人作为被试。这两个研究的结果再次显示，拥有多重身份的参与者不仅能写出更多的砖块使用方法，并且他们写出的使用方法更独特、更新颖。由此可见，拥有多重社会身份与人们的创造力存在显著的正相关关系。

事实上，拥有多重社会身份与创造力的相关关系在很多名人例子中也可以找到。例如，被称为“文艺复兴后三杰”之一的列奥纳多·达·芬奇（意大利语：Leonardo da Vinci）就是一个拥有多重社会身份的人。在大多数人眼里，达·芬奇是意大利文艺复兴时期的著名画家。其代表作《蒙娜丽莎》已成为法国卢浮宫的镇馆之宝。然而，达·芬奇不仅是一个著名画家，还是人类历史上少见的全才。达·芬奇生于意大利托斯卡纳的芬奇镇，在少年时已显露艺术天赋。约 1470 年达·芬奇进入韦罗基奥工作室学习，逐步成长为具有科学素养的画家、雕刻家、军事工程师、建筑师等。在绘画理论方面，他把解剖、透视、明暗和构图等零碎的知识整理成为系统的理论，这一贡献对欧洲绘画的发展影响很大；在地质学、物理学、生物学和生理学等方面，他提出了不少创造性见解；在军事、水利、土木、机械工程等方面，他也有重要的设想和发现。

无独有偶，本杰明·富兰克林（Benjamin Franklin）也是一个拥有多重身份的人。他不仅是政治家（美国开国元勋之一），同时还是著名的科学家、印刷商和出版商、作家、发明家、教育家。富兰克林早年从事报业活动。1731 年他在费城建立了北美第一个巡回图书馆。1743 年他组织美洲哲学会，后创办著名的常春藤盟校之一宾夕法尼亚大学。美国独立战争时，富兰克林参加反英斗争，当选第二届大陆会议代表，参加起草《独立宣言》。1776—1785 年他出使法国，促成了美法同盟的建立；他代表美国与英国谈判，于 1783 年签订《巴黎和约》，使英国承认美国独立。1787 年他作为制宪会议代表，参加起草了美国宪法，主张废除奴隶制度。不可思议的是，富兰克林在科学研究方面也有杰出贡献：他曾进行多项关于电的实验，发明避雷针，并最早提出电荷守恒定律，在研究大气电方面做出贡献。富兰克林还因其在科学上的贡献被选为英国皇家学会院士。法国经济学家杜尔哥评价富兰克林说："他从苍天那里取得了雷电，从暴君那里取得了民权。"

尼古拉·特斯拉：从被遗忘的天才，到电力革命的先驱

在科技史上，有些天才的光芒被时代遮蔽，直到后世才被重新发现。尼古拉·特斯拉（Nikola Tesla）就是这样一位传奇人物。他是交流电系统的发明者、无线电技术的先驱，也是无数现代科技的预言家。然而，他的一生充满了矛盾与悲剧色彩——天才的灵感与

商业的失败、辉煌的成就与晚年的孤独。下面，让我们走进这位“电力巫师”的世界，一起看看他如何用创造力塑造了人类的现代文明。

1856 年 7 月 10 日，特斯拉出生于奥匈帝国的克罗地亚斯米兰村（今属塞尔维亚）。他的父亲米卢廷 · 特斯拉是一位东正教神父，母亲杜库拉 · 特斯拉则以聪慧著称，擅长手工和编织各类工具，这样的家庭背景为他后来的科学探索奠定了基础。

特斯拉自幼展现出对科学和机械的浓厚兴趣，尤其对电学和磁学充满好奇。3 岁时，特斯拉在和家里的猫玩耍时观察到了电火花，激发了他对电学的兴趣和探索欲。5 岁时，特斯拉开始上学，学习数学、宗教和德语，同时他对自然界的奥秘充满好奇，经常进行实验和发明。12 岁时，特斯拉已经能够完整地背诵对数表。13 岁时，出于对机械制造的兴趣，特斯拉竟然自己建造出了水轮机。

1863 年，特斯拉一家搬到了戈斯皮奇。1870 年，特斯拉进入了拉科瓦奇的高级实验中学，这所学校按照奥地利学校的模式运营，是当时最好的高中之一。1873 年，特斯拉从拉科瓦奇毕业后回到家乡，因感染霍乱病倒了 9 个月。

1875 年，特斯拉获得了军事边疆奖学金，19 岁时进入奥地利格拉茨理工学院（现格拉茨工业大学）学习工程学。他专注于数学、物理和机械学。在格拉茨理工学院期间，他开始研究格拉姆发电机，并设计了一种无须刷子的连续电流发电机。随后特斯拉独立研究并发明了交流发电机，但此时他并没有发表任何成果。

1876 年，由于军事边疆解散，特斯拉失去了奖学金。经济困难导致特斯拉未能完成大学学业。1878 年，特斯拉提前一年离开了大学。1879 年，特斯拉在马里博尔短暂工作后，回到戈斯皮奇的实科中学工作。1880 年，特斯拉又开始前往布拉格的查尔斯 - 费迪南德大学旁听课程，但未能正式注册。

1881 年，特斯拉前往匈牙利布达佩斯，在中央电报局工作。在工作期间他提出了交流电的概念，发明了电话放大器，并开始研究旋转磁场的原理，这些都为后来他发明交流电机奠定了基础。

1882 年，特斯拉前往巴黎，在巴黎的爱迪生公司找到了一份工程师的工作，负责改进电气设备。这一时期，他设计了第一台交流电机原型。1884 年，特斯拉远渡重洋，前往美国纽约的爱迪生实验室工作，开启了他在美国的冒险之旅。

在纽约，特斯拉最初从简单的电器设计做起。凭借卓越的才华和不懈的努力，他很快就解决了公司里一些极为棘手的问题，甚至完全负责爱迪生公司直流电机的重新设计。当时，爱迪生主要推广直流电，而特斯拉更看好交流电。特斯拉逐渐意识到直流电的局限性和交流电在长距离传输电力方面的巨大优势，于是他开始专注于交流电系统的研究。

尽管在爱迪生公司工作期间，特斯拉取得了显著的成就，但爱迪生对直流电的固执让特斯拉深感挫败。爱迪生承认了特斯拉的技术才能，却拒绝支付承诺的 5 万美元奖金。最终，由于与爱迪生在技术理念上的分歧，特斯拉选择离开爱迪生公司，开启了自己独立的发明之路。1887 年，特斯拉在曼哈顿的 89 Liberty Street 成立了自己的实验室，以开发和改进新型电动机、发电机及其他设备。

1888 年 5 月，特斯拉获得美国多项专利。这迅速引起了美国社会的广泛关注。特斯拉应邀在美国电气工程师学会成立 100 周年之际作专题报告，介绍了多相交流电机的原理，给与会者留下了深刻印象。这一时期，实业家乔治·威斯汀豪斯（George Westinghouse）得知特斯拉的工作后，立即发现这正是他所实施的交流电系统获胜的关键，于是他专程到纽约拜访了特斯拉，邀请特斯拉到他的公司去工作。

乔治·威斯汀豪斯用 100 万美元现金外加每马力 1 美元的专利费买下特斯拉的专利，聘请特斯拉担任顾问，至此开始了两人联手推广交流电的历程。1890 年，特斯拉公布了高频电对生理影响的结果。1891 年，特斯拉完成了“极高频率交流电实验及其在人造无线发光中的应用”的报告，申请了“共振传送器的星形振荡器”的专利。1892 年，特斯拉来到伦敦，在皇家科学院作了题为“发光及其他高频现象”的报告，在电气工程师协会上作了“高压高频下的交流电实验”的报告。1893 年，在芝加哥世博会上，特斯拉用交流电点亮了全场，向全世界展示了交流电的威力。1895 年，特斯拉设计的交流电系统应用于尼亚加拉瀑布水电站，这是人类历史上第一座大型水力发电站，标志着特斯拉交流电技术的成熟应用。

特斯拉的发明和贡献覆盖了多个领域，包括交流电系统、感应电机、特斯拉线圈、无线通信、遥控技术等。他最著名的发明是交流电系统，这一系统对当今电力工业产生了深远的影响。

尽管特斯拉在事业上取得了巨大成功，晚年的他却陷入了深深的债务和精神危机中。1904 年，美国专利局撤销了特斯拉的无线电专利权，这让他的声誉和经济受到重创。晚年的特斯拉独自居住在纽约的小旅馆中，穷困潦倒，食不果腹，为了维持最基本的生活需求，常常需要打零工。1943 年 1 月 7 日，特斯拉在纽约市孤独离世，享年 86 岁。他的遗体被安葬在纽约州哈特斯代尔的弗恩克利夫公墓，骨灰永久保存在贝尔格莱德的特斯拉博物馆。

特斯拉一生共获得了超过 700 项专利，涵盖多个领域，包括荧光灯、霓虹灯、电弧灯、机械动力、人工闪电、同步电时钟、雷达、传真和广播等。他的发明不仅改变了当时的工业生产方式，也为现代科技的发展打下了基础。尽管特斯拉在有生之年并未获得应有的认可，但他的许多发明和理论在 20 世纪和 21 世纪都得到了广泛应用。例如，特斯拉的交流电系统成为现代电力供应的基础，他的无线通信技术为现代无线电和互联网的发展奠定了基础。此外，特斯拉的发明还影响了现代电动汽车的发展。全球最著名的电动汽车公司特斯拉公司（Tesla, Inc.）把特斯拉的名字用于电动汽车品牌，正是为了纪念这位伟大发明家的成就。

特斯拉曾说："我相信未来的世界将由那些相信自己力量的人创造。"他认为只有相信自己能力的人才能真正改变世界。他鼓励人们勇敢地追求自己的梦想，不被外界的声音所干扰。如今，特斯拉的交流电点亮了每一盏灯，他的无线电连接了整个世界，他的一生告诉我们，真正的天才虽然可能在某一阶段不被时代理解，但他们的思想终将照亮人类文明的未来。

本章小结

世界最迷人的色彩，往往来自不同光谱的碰撞。例如，教育界长期争论的一个话题是：学生是否应该穿校服？我自己做的“校服实验”和“水果实验”，都从实验的角度证明，外在的多样性会激活内在的思维弹性，当一个人被允许表达独特的自我时，他的大脑会更敢于打破常规进行思考。

亚当·加林斯基教授的多重社会身份实验表明，拥有多重社会身份的人在创造力测试中得分更高，就像尼日利亚作家奇玛曼达·阿迪契所说：“单一的叙事会剥夺人们的尊严，而多重身份让世界更完整。”尼古拉·特斯拉的创造力巅峰，则出现在他同时沉浸于工程学、诗歌和东方哲学的时期。他在日记中写道：“灵感并不来自专注，而来自不同念头的不期而遇。”

在这个追求效率的时代，我们常被鼓励在某一赛道上“专注”“垂直深耕”，殊不知，人类最伟大的突破，往往来自不同领域的横向混搭。所以，当你面临创意瓶颈时，不妨主动为自己添加几个“新身份”，例如，去学一门无关专业的课程“放飞自我”，结交不同文化、不同知识背景的朋友，甚至只是换条陌生的路线散步，因为，创造力的本质就是让不同的“你”在脑海中自由交谈。

第六章

如果你爱他，就让他看看外面的世界

创造力需要陌生的养分。在国外，连迷路都成了灵感来源。

——英国心理学家　爱德华·德·波诺

（Edward de Bono）

三毛在撒哈拉的故事

提到作家三毛，想必很多人会想起她笔下那片炽烈而苍凉的撒哈拉。这位出生于重庆、成长于南京和上海、后随家人迁居台湾的著名作家和旅行家，以其充满浪漫与自由的，取材于她在世界各地的旅行和生活经历的文学作品而闻名。

三毛自幼热爱文学，她性格叛逆且向往自由。成年后，她游历过西班牙、德国、美国、撒哈拉沙漠、加那利群岛等国家和地区，这些经历也成为她创作的重要素材。

1973 年，三毛带着对远方的执念，与丈夫荷西（Jose Maria Quero Y Ruiz）定居在撒哈拉的小镇阿尤恩。撒哈拉是世界上最大和最热的沙漠，其总面积超过 940 万平方千米，在这片“地球上最像月球的地方”，三毛完成了从都市文艺青年到文学传奇女作家的蜕变，创作了家喻户晓的《撒哈拉的故事》。

那个撒哈拉小镇，白天有 50 摄氏度的高温，每周仅有一次供水，物资匮乏，甚至用废旧棺材板改造成家具，这些常人眼中的生存困境却成了三毛创作的沃土。她会在停电的夜晚借着油灯写作，她会把捡来的骆驼头骨当作装饰，用铁皮罐插上荆棘当作花瓶。沙漠的极端环境让她的感官变得异常敏锐，她笔下的星空“像碎玻璃一样扎进眼睛”，能听见“沙粒在风里摩擦的声音”。

异域文化的冲击赋予三毛独特的叙事视角，生涩的阿拉伯语和西班牙语的混用让她的文字自带陌生化美感。在撒哈拉的故事里，她既是局外人又是参与者，这种奇妙的双重身份让她获得了一种新的创作自由。

正如三毛在《哭泣的骆驼》中所说：“他们当我是异类，我也乐得当他们眼中的疯子。”正是这种抽离与沉浸的奇妙平衡，让三毛在撒哈拉的三年间创作出了《撒哈拉的故事》这样充满生命力的作品。

“台北我是虚无的，在沙漠我却真实地活着——每一粒沙都在证明我的存在。”这段撒哈拉的“流浪”经历成就了她的文学巅峰，而这异国文化成为三毛创作永不枯竭的源泉。

其实，不仅三毛如此，许多优秀作家也有在国外的居住生活经历，例如四名诺贝尔文学奖获得者——爱尔兰作家叶芝、萧伯纳、贝克特和希尼，他们一生中有相当重要的一部分时间是在国外度过的。还有许多著名的画家如高更和毕加索，以及作曲家如亨德尔、普罗科菲耶夫、斯特拉文斯基和勋伯格等都在国外生活过，其间他们创作了人生中最受欢迎的、最伟大的作品。

调查问卷：国外生活经历与创造力

在国外居住和生活是否真的可以提高人的创造力？2009年，哥伦比亚大学商学院的亚当·加林斯基教授和法国欧洲工商管理学院（INSEAD）的威廉·迈达克斯（William W. Maddux）教授一起在《人格与社会心理学学报》上发表了论文《国外生活与创造力的关系》。他们通过一系列研究发现，生活在异国并适应异国文化有助于创造力的产生。接下来，就让我们一起来看看他们的研究是如何进行的。

第一个研究是一个简单的问卷调查，而非实验。问卷调查的目的是通过简单的回归分析，检验国外的生活经历是否与个体创造力呈现相关关系。这个问卷调查的参与者是美国某著名商学院的205名全日制工商管理硕士（MBA）学生。调查问卷先询问这些参与者是否有国外生活的经历，以及是否有出国旅游的经历。之后，每一个参与者都被要求完成“蜡烛难题”任务以测量他们的创造力。

研究结果显示，在205名问卷调查参与者中，几乎所有学生（202名，98.5%）都有出国旅游的经历，有135名学生（66%）有国外居住经历，有111名学生（54%）正确地找到了“蜡烛难题”

的解决方法。通过回归分析，国外居住经历和居住时间与创造力有显著的正相关关系。

相关关系与因果关系

这个问卷调查研究的结果初步验证了国外生活经历对创造力的积极作用。不过，问卷调查研究的一个缺点是只能验证相关关系，而不能验证因果关系。在科学研究方面，验证因果关系比验证相关关系难度大得多。这是因为，相关关系并不代表因果关系，事实上很多相关关系并不是因果关系。例如，打篮球的人大多数身材很高，这就是一个常见的相关关系。然而，许多人因此做出错误的因果推断——多打篮球可以让人长高。事实上，并没有科学证据能够证明这个推断。而该相关关系存在的原因很简单，高个子人更愿意打篮球（矮个子在篮球运动中是劣势），而不能说打篮球可以让人长高。

下面，再用一个著名的冰激凌和溺水死亡人数的例子来说明相关关系和因果关系的不同。有数据显示，一个公共海滩在一段时间内销售的冰激凌数量越多，在该海滩上溺水死亡人数也越多，也就是说，冰激凌销售量和溺水死亡人数之间有显著的正相关关系。那么，我们是否可以由此得出结论，人们多吃冰激凌更大可能会导致溺水？显然，这两者之间没有任何因果关系。而之所以二者之间存在相关关系，是因为这两个事情背后的原因，其实都是夏天气温升高。因为气温高了，所以人们更爱吃冰激凌，同时有更多人喜欢去海里游泳，从而也就增加了溺水死亡的人数。

相关关系并不代表因果关系，很多不懂科学的人容易因为相关关系而做出错误的因果关系推断。那么，究竟如何验证因果关系呢？通常，一个因果关系的成立必须满足以下三个条件。

（1）相关关系：当自变量变化时，因变量会跟着发生变化。如果改变了自变量，因变量不受影响，说明因果关系不成立。

（2）时间先后：自变量的变化必须在前，因变量的变化在后。如果在改变自变量之前，因变量就发生了变化，这肯定不是因果关系导致的。

（3）没有其他原因：要想确定因果关系，两个变量之间的因果关系不能被其他原因解释。

由此可见，因果关系包含了相关关系（上述条件 1），但比相关关系更难以确认（还需要满足条件 2 和条件 3）。例如，在前面的打篮球与个子高关系的例子中，很多人是个子高了后才去打篮球的，因此这一点就不符合条件 2。换句话说，打篮球并不一定发生在个子高之前。再如，在前面的冰激凌销量与溺死人数关系的例子中，夏天气温高才是真正的原因，因此这一点就不符合条件 3。

读到这里，我希望每一个读者都真正理解相关关系和因果关系的不同，这会帮助你培养批判性思维和独立思考的能力。将来，你在读报纸、杂志，浏览网站、社交媒体时，就会发现有许多荒谬和错误的结论，因为那些结论往往都是由相关关系错误推断出来的因果关系。

回忆实验

因果关系很难验证，通常最好的验证方法就是实验法。因此，为了验证“国外生活经历可以提高创造力”这一假设，在上面调查问卷的基础上，亚当·加林斯基教授和威廉·迈达克斯教授又进行了一个实验。

这个实验的参与者是法国某著名大学的 65 名学生，他们都有国外的居住经历。这些学生被随机分为四组：在第一组（国外生活组），参与者被要求想象自己生活在国外，写下一些具体发生的事情，他们的做法、想法及感受；在第二组（国外旅游组），参与者被要求想象自己正在国外旅游，并用文字的形式写下他们的经历；在第三组（国内生活组），参与者被要求想象他们在国内生活的一天，同样以文字的形式写下他们的经历；第四组是对照组，这组参与者仅仅被要求写下他们前一天晚上发生的事情。每位参与者在完成回忆任务之后，都被要求做 12 道 RAT 题，以测量其创造力。

现在，让我们一起来看一下实验结果。首先，第一组学生（国外生活组）完成的 RAT 题目的平均数量为 7.07，远远高于第二组、第三组和对照组完成的（分别为 4.69、4.35 和 4.07），该差异在统计上是显著的。因此，这个实验再次说明，国外的生活经历对创造力有正向的促进作用。

适者生存：适应力提高创造力

上述实验的结果已经证明了国外居住经历对启发个体创造性的正向影响。那么，一个自然而然的问题就产生了——为什么国外居住经历可以提高人的创造力？

亚当·加林斯基教授和威廉·迈达克斯教授猜测适应能力可能是解释国外居住经历对创造力影响的关键因素，因为文化是一种无处不在的力量，影响和塑造着一个人生活的方方面面。在国外居住时，人们需要适应一种新的文化，学习如何以不同的方式行事和思考，需要将脑海里常规的和新奇的观点 / 方法加以融合，因此在某种程度上可以提高人们的创造力。

为了验证国外居住经历提高创造力背后的深层机制，亚当·加林斯基教授和威廉·迈达克斯教授又做了一个问卷调查。这个问卷调查的参与者是欧洲某著名大学的 133 名 MBA 学生。参与者首先被要求完成一份关于他们背景经历的在线调查，关于他们的国籍和他们在国外生活的总时间。之后，参与者被要求列出最多三个国家，并写下在这些国家生活期间，他们对每种外国文化的适应程度。随后，研究人员还收集了每一个参与者的大五人格特征，他们能流利说的语言数量，他们生活过的国家数量，等等。这些信息将被用来衡量参与者适应外国文化的程度。一个星期之后，每一个被试参与了创造力测试任务——“蜡烛难题”。

在 133 名学生中，有 105 名学生具有国外居住经历，有 57 名学生正确回答了“蜡烛难题”。融合上述测量指标后，研究人员进行了分层二元逻辑回归分析。实验结果显示，国外居住时间的长短显著影响了创造力。在加入了国外生活的适应程度后，适应程度对创造力的正向影响相当显著，同时国外居住时间对创造力的影响变得没有那么显著了。这种统计分析也叫中介效应分析。因此，这说明适应程度是国外居住时间对创造力正向影响效应背后的中介因素，也是背后的深层机制（见图 6.1）。

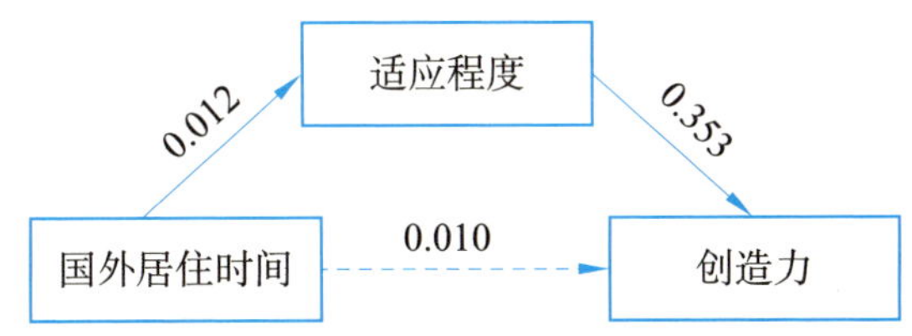

图 6.1　创造力正向影响效应背后的中介因素

总结一下，亚当·加林斯基教授和威廉·迈达克斯教授的研究通过一系列问卷调查和实验表明，国外的居住经历确实对创造力的启发有正向的促进作用。首先，国外的生活可以让人们接触到更多新颖的想法和概念；其次，国外生活可以让人从不同的角度看待问题；最后，在不同文化下的生活经历可以增加人们接收陌生想法的意愿，并对不同想法进行无意识的重组和扩展，这对创造力的产生尤为重要。

亚当·加林斯基教授和威廉·迈达克斯教授的研究还发现，国外居住经历提高创造力这种效应的背后深层机制是人们的适应程度。这也告诉我们，如果一个人去国外居住和生活，却没有适应国外的文化和生活方式，那么他的创造力并不会有太大的变化。因此，如果一个中国人希望通过去国外生活提高自己的创造力，那么他一定要融入当地的文化，而不能整天和其中国亲友在一起，仍然按照原有的方式生活。

出国留学也可以提高创造力？

除了出国居住和生活，别的出国方式如出国留学是否也可以提高创造力？要知道，出国生活和留学有很大的不同。以我自己为例，我在2000—2005年到美国哥伦比亚大学攻读博士学位。尽管时间长达5年，但我主要的生活轨迹都在学校里：我每天住在哥伦比亚大学提供的公寓里，每天的主要工作就是学习和做博士论文研究；我当时比较穷，基本上没去餐厅吃过饭。可以说，当时尽管我在美国留学，却对美国社会不太了解，而仅仅是一个“书呆子”。

2010年，亚当·加林斯基教授和威廉·迈达克斯教授以及哈吉·亚当（Hajo Adam）一起在《人格与社会心理学通讯》上发表了论文《当你在罗马，就学罗马人为什么那样做？多元文化学习经验促进创造力》。他们通过一系列实验发现，在国外学习也有助于提高创造力。接下来，就让我们一起来看看他们的实验是如何进行的。

在一个实验中，被试是43名曾有国外旅居经历的法国大学本科生。这些学生可以通过这次实验获得免费的电影券。这些学生平均在国外学习的时间约为39.5个月。这些学生被随机分为两组，一组是多元文化学习组，另外一组是本土文化学习组。在多元文化学习组，学生们需要回忆和描述自己在国外文化中学习新事物的经历；相反，在本土文化学习组，学生们需要回忆和描述自己在本国文化中学习新事物的经历。他们都被要求描述这段学习过程中具体发生了什么、当时有何感受、学到了什么。聪明的你是不是已经看出来了？这实际上就是对自变量多元文化学习与否的操纵。

在完成上述工作后，实验人员开始对两组学生的创造力进行测量，两组学生都被要求在 1 分钟内回答 15 道词汇填空测试题，即在 1 分钟内完成尽可能多的词汇填空测试题。这实际上是对因变量创造力的测量。关于词汇填空方法，我们之前还没有介绍过，这也是测量创造力的一种方法。这种方法要求参与者在 1 分钟内完成对若干单词片段的补充，每对单词都拥有共同的片段，均需要通过补充一个字母才能成为一个完整的单词。例如，单词片段为 _outarde，那么补充的字母就可以是 m 或者 r，补充后形成的单词就是 moutarde（芥末）和 routarde（背包客）。

这个任务的难点在于，由于第一个单词填空测试被解决后，会使这个词的语义关联更加突出（如 moutarde：芥末），从而干扰人们在大脑里对第二个具有不同语义的词（如 routarde：背包客）的提取。因此，这项任务的关键考验在于参与者能否为同一个单词片段找到多种解决方案，也就是需要参与者克服常见的“功能固有”这一创造性的阻碍。“功能固有”指的是个体倾向于将一个物体看作只具有一种而不是多种功能，或者将一个问题看作只有一种解决方案。正确回答每一对单词，参与者不但需要克服初始答案的干扰，同时需要快速检索替代方案。因此，这是一个很好的创造力测量方法。参与者正确解决的单词对数可以反映个体突破思维定式的能力，也就是研究人员要测量的创造力。

现在，让我们一起来看看实验结果。统计数据显示，多元文化学习组的学生平均答对题目的数量是 7.36，而本土文化学习组的学生平均答对题目的数量为 5.0，二者的差别在统计上是显著的。很明显，多元文化学习组的学生比本土文化学习组的学生解决了更多单词填空测试题，具有更强的创造力。因此，实验结果初步证实：对于在国外生活过的参与者来说，回忆在异国文化中的学习经历有助于促进创造力，而仅回忆在本国文化中的学习经历则没有这种效果。这个实验表明了解外国文化对提升创造力非常重要。

为了进一步验证“国外学习经历有助于提高创造力”这个假设，亚当·加林斯基教授和他的两位合著者又进行了另外一个实验。这个实验的参与者是美国某大学里 152 名有国外生活经验的学生。参与实验的学生被随机分为四组。第一组参与者被要求回忆并写下一段关于异国文化的学习经历，在这段经历中，他们不仅学习了异国的文化，并且了解了来自异国文化背景的人的行为方式的潜在原因。第二组参与者被要求回忆并写下一段关于本国文化的学习经历，同样通过这段经历，他们了解了文化背后的原因。这两组参与者还被要求写下为什么他们学到的东西对他们来说是新的。第三组参与者被要求写下他们学习一项新的运动项目的经历。第四组参与者被要求写下他们想写的一段经历。

被试完成第一个任务之后，接下来进行的是创造力测试，这次实验选用了 RAT 测试。每位参与者都被要求在 17 道 RAT 题中尽可能多地完成这些题目。

现在，让我们一起来看看实验结果。第一组学生回答对的 RAT 题平均数量为 9.09，第二组、第三组和第四组学生回答对的 RAT 题平均数量分别为 7.31、5.8 和 7.02。显然，与其他几组的学生相比，第一组学生的创造力表现显著更高（其差异在统计学上是显著的）。由此可见，回忆在国外学习的经历真的可以显著提高人们的创造力。

出国留学还有意义吗？

为什么国外学习的经历会提高创造力？这是因为，留学生在国外学习的过程中，仍然会涉及质疑固有的文化假设、打破惯性的思维反应、整合新旧知识等问题，这些都是创造力产生的重要因素。

由此可见，出国留学有着非常重要的意义。很多人简单地计算出国留学的投资回报率，认为孩子出国留学花的高额学费非常不划算，因为留学毕业回国工作时国外的学历并不会帮孩子赚很多钱。

其实，我一直反对这种观点。首先，出国留学并不一定需要花很多钱。例如，国外所有的博士项目基本上是免学费的，同时还会提供足够的生活费。对于本科生留学来说，也有少数大学如哈佛大学、麻省理工学院等宣布对低收入的家庭免学费。按照之前的情况来看，哈佛大学、麻省理工学院都宣布对家庭年收入低于 20 万美元的学生免收学费（国际学生也适用），并对家庭年收入低于 10 万美元的学生不仅免学费，还额外提供免费住宿、餐饮和机票交通等津贴。

其次，去国外留学，最大的收获是开阔眼界，是在多元文化的碰撞下提高创新能力和创造力，是学会站在世界的角度看中国，而不是坐井观天。因此，这将是一个学生一辈子的收获，而不仅仅体现在找到一份更高薪水的工作。当然，出国留学也为学生们带来了在全球各国工作的可能性，而不仅仅局限于在国内工作。

跨国与跨文化恋爱

在前面的研究中，亚当·加林斯基教授和威廉·迈达克斯教授及他们的同事发现，无论是在国外居住，还是在国外留学，都可以提高人们的创造力。那么，一个非常有意思的问题就自然出现了：跨国（跨文化）恋爱是否也会提高创造力？

2017 年，当时还是哥伦比亚大学商学院博士生的陆冠南（Jackson Lu）与亚当·加林斯基教授、威廉·迈达克斯教授等多位作者共同对跨国（跨文化）之间的亲密关系与创造力的关系进行了研究。最后，他们把研究成果发表在国际顶级学术期刊《应用心理学报》（*Journal of Applied Psychology*）上。

陆冠南——这位我在哥伦比亚大学商学院的师弟，现在 MIT 任教，是一位非常优秀的商学院教授。我也非常荣幸和他合作有一篇论文，于新冠疫情期间发表在《美国科学院学报》（简称 *PNAS*）上。这篇论文的题目是：《当口罩成为一种道德标志：在新冠疫情期间的中国，口罩可以减少佩戴者的不道德行为》（*Masks as a Moral Symbol: Masks Reduce Wearers' Deviant Behavior in China During COVID-19*）。创立于 1914 年的 *PNAS* 是与《自然》和《科学》齐名的、世界上被引用最多的顶级科学期刊之一，旨在发表各学科领域"具有杰出科学贡献"和"广泛科学影响力"的前沿顶尖研究，发表难度极高。时至今日，以全国各大商学院作为发表单位的 *PNAS* 论文仍屈指可数。这篇论文是由我和我在清华的博士生宋璐阳，以及麻省理工学院陆冠南教授和他的博士生 Laura Changlan Wang 联合发表的。这篇论文通过 10 个方法丰富、情境多样的翔实研究和大规模样本（*N*=68243）发现，在新冠疫情期间的中国，口罩可以提高佩戴者的道德意识，进而减少不道德行为。这篇文章发表在《美国科学院学报》上之后，在全球引起了很大的反响。包括全球顶尖的《科学》杂志、全球财经界著名媒体《福布斯》（*Forbes*）在内的多家权威学术期刊或媒体官网，以及麻省理工学院和清华大学经济管理学院等国内外名校的官网也都报道了我们这项重要的研究。作为中国营销学术界首位在《美国科学院学报》上发表论文的学者，我也为此倍感自豪。

接下来，我详细说一下陆冠南与亚当·加林斯基教授、威廉·迈达克斯教授等多位作者的这篇论文究竟是如何通过一系列研究来验证跨国（跨文化）恋爱与创造力的关系的。

第一个研究是一个非常有意思的纵向研究（longitudinal study）。所谓纵向研究，也叫追踪研究，是指在一段相对长的时间内对同一个或同一批被试进行重复的研究。这个纵向研究的被试是某全球著名商学院的 115 个工商管理硕士学生，这些学生来自 39 个不同的国家，平均年龄 28.6 岁。在他们刚刚开始入学攻读工商管理硕士学位项目的第一年 9 月，这些学生进行了创造力测试。然后，在他们完成工商管理硕士学位项目即将毕业的 2 年后的 6 月，这些学生再次进行了同样的创造力测试，并同时回答了如下问题：在过去的 2 年工商管理硕士学位项目学习过程中，你是否与不同国籍（文化）的人进行过约会或恋爱？最后，数据结果表明，这种跨国籍（文化）的恋爱关系确实提高了被试在多个创造力任务上的表现，其差异在统计上是显著的。

不过，第一个研究也有缺点。由于是纵向研究，缺乏对照组，所以还无法完全验证跨国（跨文化）恋爱与创造力之间的因果关系。因此，在第二个研究中，陆冠南与亚当·加林斯基教授、威廉·迈达克斯教授等多位作者采用了实验法来验证跨国（跨文化）恋爱与创造力之间的因果关系。这个实验的参与者是 108 名同时拥有跨国籍恋爱经历以及同国籍恋爱经历的成年人（平均年龄为 34.3 岁）。为了确保每一个被试都符合这个条件，在实验的开头他们都需要回答两个问题：①你是否与不同国籍的人约会过？如果是，你约会过多少人？②你是否与相同国籍的人约会过？如果是，你约会过多少人？在这两道题中，如果被试对任何一道题都回答“否”的话，该被试就会被排除出实验。此后，所有合格的实验参与者都被随机分为两组：跨国籍恋爱组和同国籍恋爱组。在跨国籍恋爱组，实验参与者被要求在 5 分钟内写下他们一次跨国籍约会的详细经历；相反，在同国籍恋爱组，实验参与者被要求在 5 分钟内写下他们一次同国籍约会的详细经历。在这两种情况下，参与者都被要求描述他们的约会对象来自哪里，他们和约会对象一起做了什么，他们从约会对象那里学到了什么，与约会对象的朋友和家人的互动，他们与约会对象是更相似还是更不同，等等。最后，所有实验参与者都进行了 RAT 题的创造力测试。实验结果不出意料，跨国籍恋爱组平均完成的 RAT 题的数量显著高于同国籍恋爱组，说明跨国（跨文化）的恋爱关系确实可以显著提高创造力。

有意思的是，陆冠南与亚当·加林斯基教授、威廉·迈达克斯教授等多位作者在这篇论文里还进行了一个有趣的问卷调查。在这个问卷调查里，他们想了解在跨国籍（跨文化）恋爱中，究竟是恋爱时间对创造力影响更大，还是恋爱人数对创造力影响更大。例如，有的人在一年时间里有一个恋爱对象，但有的人在一年时间里可能有两个恋爱对象。这个调查的参与者是141位成年人（平均年龄36.4岁）。他们首先进行了创造力的测试，然后回答了如下两个问题：①你一共与多少个不同国籍的人约会过？每一段恋爱分别是多长时间（按月计算）？②你一共与多少个相同国籍的人约会过？每一段恋爱分别是多长时间（按月计算）？最后，数据结果表明，跨国籍（文化）恋爱关系的总时间长度与被试的创造力显著相关，但是跨国籍（文化）恋爱关系的总人数多少与创造力并没有显著的相关性。

总结一下，陆冠南与亚当·加林斯基教授、威廉·迈达克斯教授等多位作者的这篇论文告诉我们，跨国（跨文化）恋爱真的可以提高创造力。在今天的全球化时代，如果你希望提高创造力，真的不妨考虑找一个外国伴侣。有意思的是，民间经常有人会从基因组合的角度，认为两个不同国籍的人结婚后生下的混血儿会比同国籍的人结婚后生下的孩子智商更高。然而，这种说法是缺乏科学依据的。例如，南美洲一些国家如巴西、智利等都是混血儿国家，它们的人口中混血儿占了相当比例，有的是西班牙人和印第安人混血，有的是葡萄牙人和黑人混血，等等。然而，数据显示：这些南美洲国家的混血儿人群，平均智商普遍集中在80～90（例如巴西人是

87，智利人是 90），相比之下，西班牙人的平均智商是 98，葡萄牙人的平均智商是 95，而中国人的平均智商是 105。这就足以说明，所谓“混血儿更聪明”的说法，根本不能成立。事实上，一个孩子是否聪明，和“混血不混血”关系不大，而和这个孩子的父母本人是否聪明，以及父母基因的排列组合关系很大。但是，在相同智商的孩子中，我猜想混血儿大概率会比非混血儿的创造力更高，因为混血儿的父母有多元的文化交融。未来的学术研究或许可以对我的这个假设进行验证。

张爱玲的双文化视角

提到张爱玲，大家脑海中总会浮现那个穿着旗袍、手执香烟的民国才女形象。但很多人不知道，这位中国现代文学史上的传奇作家，在美国度过了长达 36 年的海外生活，创作了许多经典著作。

张爱玲生于 1920 年，出身上海名门世家，祖父张佩纶是清末名臣，祖母李菊耦是李鸿章之女。1939 年她考入香港大学，1943 年发表小说《沉香屑·第一炉香》，在上海文坛崭露头角。1952 年张爱玲离开内地前往香港生活，1955 年张爱玲又离开香港前往美国。

张爱玲的一生流连于多个城市，这些漂泊生活经历就像一把钥匙，彻底改变着她创作的方向，将她本就惊艳的文学才华雕琢得更加璀璨夺目。

1952年，32岁的张爱玲离开上海来到香港。这座中西交融的城市带给了她全新的创作视角。在香港进行文学创作，这是她第一次尝试用“局外人”的眼光审视故土，就像她在《惘然记》中所写的那样：“隔着维多利亚港看上海，那些记忆反而像显影液里的底片，越来越清晰。”

1955年，张爱玲远渡重洋来到美国，她来到了新罕布什尔州的麦克道威尔文艺营，这个原本习惯了上海喧嚣的女子，第一次面对真正的寂静与孤独。在这冰天雪地中，她将《金锁记》改写成英文版《北地胭脂》，这次跨语言创作是她叩开西方文坛的首次尝试。“用英文写中国，就像隔着一层毛玻璃看旧照片。”在这次创作中，她通过双语创作的独特视角把中国传统家族故事用西方现代小说的技法重新创作。

1960年，张爱玲定居洛杉矶，她的创作进入更为深邃的阶段，加州的阳光与上海的记忆在她的文字中产生了奇妙的化学反应，这种独特的创作状态催生了她晚年最为成熟的自传体小说《小团圆》。她在加州大学伯克利分校整理《红楼梦》的研究工作，这让她得以在学术视野下重新审视中国传统文学的精髓，这段经历直接影响了《色·戒》的创作。

张爱玲的海外经历，意外地成为她文学创作的催化剂，海外生活经历让她摆脱中国文坛的种种桎梏，而语言屏障也成了她文学实验的契机。正如张爱玲自己所说的“走得越远，看得越清”，晚年的她已经达到随心所欲不逾矩的创作状态，能够完全按照自己的艺术直觉来创作，这些海外生活经历让她的文字摆脱了地域的局限，获得了永恒的艺术价值。

莱特兄弟：翱翔天际的创造力先驱

人类对飞行的向往可以追溯至远古神话，但直到 20 世纪初，这个梦想才由莱特兄弟——两位来自美国俄亥俄州的自行车制造商——变为现实。威尔伯·莱特（Wilbur Wright）和奥维尔·莱特（Orville Wright），这对兄弟没有大学文凭，没有政府资助，甚至没有专业的工程团队，仅凭着对飞行的热爱、敏锐的观察力和不屈不挠的实验精神，在 1903 年 12 月 17 日实现了人类首次可控、持续的动力飞行。他们不仅实现了人类千百年来的飞行梦想，更开创了现代航空工业的先河。下面让我们一起来看看莱特兄弟的故事。

威尔伯·莱特生于 1867 年 4 月 16 日，奥维尔·莱特则比哥哥小四岁，出生于 1871 年 8 月 19 日。他们的父亲米尔顿·莱特（Milton Wright）是一名牧师，经常因工作需要在全国各地旅行。他们的母亲苏珊·凯瑟琳·莱特（Susan Catherine Wright）是一位音乐教师，也是一名机械爱好者，擅长数学、文学和科学，经常为孩子们制作玩具，并鼓励他们探索科学和机械。

家庭教育的独特影响在兄弟俩的成长过程中扮演了至关重要的角色。父亲米尔顿每次外出回家都会给兄弟俩带回各种小玩具和机械装置，这些礼物大多成为兄弟俩拆解研究的对象。母亲苏珊则亲手教会了他们使用各种工具，并鼓励他们自己动手制作玩具。这种家庭教育培养了莱特兄弟对机械装置的浓厚兴趣和敏锐直觉。

兄弟俩性格互补：哥哥威尔伯性格沉稳、思维缜密，善于理论分析和系统思考；弟弟奥维尔则更加外向、富有实验精神，敢于尝试新想法。这种性格上的差异没有造成隔阂，反而使他们能够相互补充，形成了一种独特的合作模式，常常是威尔伯负责提出理论框架，奥维尔则通过实践来验证这些想法的可行性。

在少年时期两兄弟就展现出来极高的创造力。12 岁的威尔伯和 8 岁的奥维尔曾根据《科学美国人》杂志上的描述，自己动手制作了一台木制印刷机。这台机器不仅能够正常工作，而且印刷质量相当出色，以至于他们开始为当地居民印刷小册子和广告单。几年后，他们又创办了自己的周报——《西城新闻》，奥维尔担任出版商，威尔伯担任编辑，这份报纸从内容到印刷全部由兄弟俩一手包办。

1878 年，莱特兄弟的父亲米尔顿从一次旅行中带回了一个基于法国航空先驱阿尔方斯·佩诺设计的“直升机”玩具。这个玩具由软木、竹子和纸制成，通过橡皮筋的动力能够实现短暂飞行，这深深吸引了两兄弟，这个玩具也点燃了他们内心对飞行的热情。

莱特兄弟都没有接受过正规的高等教育，威尔伯甚至没有完成高中学业。青年时期的莱特兄弟在俄亥俄州代顿市开设了一家自行车销售和修理店，名为“莱特自行车公司”。自行车修理工作不仅为他们提供了稳定的收入来源，更重要的是培养了他们对精密机械的深刻理解。在处理自行车平衡、动力传输和结构强度等问题的过程中，他们积累了宝贵的工程经验，这些知识后来被直接应用于他们的飞行器设计。

19 世纪末，人类征服天空的梦想已经持续了数千年，但实现可控、持续的动力飞行仍然遥不可及。当时的航空研究领域是一片充满失败与挫折的领域。德国航空先驱奥托·李林塔尔已经进行了数千次滑翔飞行并因此丧生；美国发明家塞缪尔·兰利耗费政府巨额资金研制的“航空站”在众目睽睽之下坠入波托马克河；法国工程师克莱门特·阿代尔虽然声称实现了短暂飞行，但缺乏可靠证据。但是，面对这些先驱者的挫折，莱特兄弟没有被吓退，反而更加激发了他们寻找解决方案的决心。

1899 年，威尔伯·莱特给史密森尼学会写了一封信，请求提供所有关于航空研究的出版物清单。史密森尼学会寄来了奥克塔夫·夏努特、奥托·李林塔尔和塞缪尔·兰利等人的著作，以及《航空年鉴》等专业刊物。通过研读这些资料，莱特兄弟迅速掌握了当时航空研究的最前沿知识，同时敏锐地发现了其中的关键缺陷。

当时大多数研究者关注的主要问题是如何获得足够的升力使飞行器离开地面，而莱特兄弟却意识到，飞行控制的挑战才是实现持续飞行的真正障碍。因此，威尔伯花费大量时间观察鸟类如何通过改变翅膀形状和角度来保持平衡和转向。他注意到，鸟类在转弯时会降低一侧翅膀的迎角同时提高另一侧的迎角。这一观察直接启发了他发明“翼翘曲”控制系统的想法——通过机械装置使飞行器机翼末端能够扭曲变形，从而实现滚转控制。

1899 年，莱特兄弟制作了他们的第一个航空器——这是一架翼展 1.5 米的双翼风筝，用于测试翼翘曲控制系统。这架风筝通过四根控制线操纵，两根用于常规控制，另外两根专门用于测试翼翘曲。这次测试取得了很大的成功，验证了他们控制理念的可行性，并收集了大量宝贵的数据，这些数据为后续的滑翔机设计提供了基础。

1900 年，莱特兄弟制造出了第一架滑翔机，并进行了多次飞行测试，但结果并不理想——滑翔机的升力不足，无法满足飞行需求。莱特兄弟意识到需要更精确地测量空气动力学数据，于是决定自行设计风洞。在自行车商店的工作间里，莱特兄弟用一个长约 1.8 米、横截面为 40 厘米 × 40 厘米的木制箱子，在一端安装风扇，建造出了一个小型风洞。他们在这里测试了数百种不同形状和尺寸的机翼模型，积累了前所未有的精确空气动力学数据。在这里，莱特兄弟不仅验证了前人提出的一些理论，更重要的是发现了许多新的现象和规律，这些发现直接指导了他们 1902 年对滑翔机的设计。

1900—1902 年，莱特兄弟在北卡罗来纳州小鹰镇附近的基蒂霍克沙丘进行了一系列滑翔机试验。把基蒂霍克作为试验场地，是他们深思熟虑后的选择，因为这里不仅有稳定的海风、柔软的沙地可以缓冲降落，还提供了相对隔离的环境。1900 年，他们带着第一架全尺寸飞行器，来测试翼翘曲控制系统和飞行员俯卧在机翼上的操作姿势，尽管在这次测试中，飞行器升力表现不如预期，但控制系统的有效性得到了验证。1901 年，他们带着第二架翼展增加到 6.7 米的滑翔机又一次进行实验，但这次飞行表现非常令人失望，这架滑翔机出现了严重的俯仰不稳定问题，多次导致滑翔机失控坠地。1902 年，莱特兄弟制造出了凝聚风洞实验全部成果的真正可控制的飞行器。这架划时代的滑翔机翼展达到 9.8 米，但重量仅为 53 千克，采用了基于精确数据设计的新型机翼。更重要的是，他们在原始翼翘曲系统的基础上增加了一个可移动的垂直尾翼，解决了此前出现的“逆向偏航”问题。1902 年 9—10 月，莱特兄弟在基蒂霍克进行了近千次滑翔飞行，积累了宝贵的飞行经验。

1903 年秋天，莱特兄弟带着他们命名为“飞行者一号”的动力飞机返回基蒂霍克。1903 年 12 月 17 日，莱特兄弟在基蒂霍克完成了首次成功的动力飞行。上午 10 点 35 分，奥维尔·莱特躺在下机翼的控制位置上，启动了发动机。在强逆风的帮助下，飞机沿着轨道加速，威尔伯在一旁奔跑协助飞机保持平衡。飞机离地后飞行了12 秒，覆盖距离 36.5 米，这短暂的一跃改变了人类历史。

1903 年成功飞行后，莱特兄弟继续改进对飞行器的设计，包括扩大机翼面积、增加垂直尾翼和改进升降舵。他们逐步提升飞机的可靠性和操控性，一步步实现着更长的飞行时间与更远的飞行距离。

莱特兄弟的成就远不止于 1903 年那历史性的 12 秒飞行。他们的这一创新彻底改变了人类与空间、时间的关系，重塑了全球交通、经济、军事和文化格局。飞机从最初被视为“自行车修理工的玩具”，后来逐渐成为 20 世纪最具变革性的技术之一。从 1899 年的初始研究到 1903 年的历史性飞行，莱特兄弟经历了无数次失败与挫折。也正是在这些挫折中，他们获得了进步动力，这成为他们最终成功的关键。要知道，莱特兄弟当年没有豪华实验室，没有庞大资金，没有专业团队，这种资源约束下的创新能力，在当今强调高投入研发的时代显得尤为珍贵。

莱特兄弟的发现不仅改变了人类的出行方式，更重塑了我们对世界的认知。他们证明了普通人通过正确的方法和坚持不懈的努力，能够实现看似不可能的突破。从商业航空到军事防御，从太空探索到全球物流，现代世界的无数方面都建立在莱特兄弟开创的航空基础之上。正如莱特兄弟所说：“我们能够飞行不是因为我们发现了什么秘密，而是因为我们找到了真正的问题并坚持不懈地寻求答案。”

本章小结

在陌生的土地上，我们不仅能发现新的风景，更能遇见新的自己。三毛的撒哈拉岁月，将这位敏感细腻的东方女子塑造成华语文坛最特立独行的灵魂。亚当·加林斯基教授各项实验揭示了，深度异国居住经历、恋爱经历能显著提升个体的创造力。张爱玲从上海到香港再到美国的一次次迁徙，带来了她创作风格的变化，展现了跨文化经历的复杂馈赠。

真正的创新往往诞生于“文化边缘地带”，当你既不完全属于此地，也不完全属于彼方时，反而获得了俯瞰两种文明的独特视角。就像日本作家村上春树在希腊写作《挪威的森林》时发现的那样，“距离给了我看清东京的双眼，而希腊的阳光让记忆中的雨滴更加透明。”莱特兄弟没有上过大学，他们却成功发明了飞上蓝天的飞机。

所以，如果你追求拥有突破性的创造力，可以主动制造微型文化变动，例如，学习用非母语写作，或参与跨文化合作项目，等等，因为，最具突破力的创新往往始于一句“原来世界还可以这样理解”。

第七章

天籁：咖啡馆里的你更有创造力

我常常在音乐中思考。我在音乐中做白日梦，用音乐看待我的生活。

——美国德裔物理学家　阿尔伯特 · 爱因斯坦（Albert Einstein）

爱因斯坦的光速旅行声音

爱因斯坦曾描述过，他经常通过想象声音来激发科学灵感。尤其是在研究相对论的过程中，他多次提到，自己常常通过对声音的想象来探索复杂的物理概念。在他看来，声音不仅是听觉的体验，更是科学创造力的催化剂。

其中最著名的实验之一便是光速旅行实验，这一实验帮助爱因斯坦理解了时间和空间的相对性，推动了狭义相对论的诞生。

爱因斯坦曾说，想象力比知识更重要，因为知识是有限的，而想象力概括着世界的一切，能推动进步，是知识进化的源泉。为了探索时间和空间的奥秘，他设想自己骑在一束光上，想象自己以光速运动时世界的样子。由于声音的传播速度远低于光速，那么在光速旅行中，声音会怎样变化？是扭曲的，还是变形的？

通过这种对声音的想象，爱因斯坦突破了传统物理学的局限，将抽象的物理概念转化为直观的体验，洞察了宇宙的本质。在这个过程中，声音不再仅仅是感官体验，更是爱因斯坦探索未知世界的重要工具。

那么，声音究竟是如何影响创造力的呢？

咖啡馆里的你为什么会更有创造力？

我们在日常生活中会发现，有时我们在极其安静的环境中很难专注地完成一些工作，产生创新的思路或方法，相反，当我们到没那么安静也没有那么嘈杂的咖啡厅，反而效率更高，这是为什么呢？

2012 年，美国伊利诺伊大学香槟城分校（University of Illinois at Urbana-Champaign，UIUC）的教授莱维·米塔（Ravi Mehta）、加拿大英属哥伦比亚大学（University of British Columbia, UBC）的朱睿教授以及美国弗吉尼亚大学的阿马尔·谢尔玛（Amar Cheema）教授曾经在《消费者研究学报》（*Journal of Consumer Research*）上发表了一篇论文《噪声总是不好吗？探索环境噪声对创造性认知的影响》（*Is Noise Always Bad? Exploring the Effects of Ambient Noise on Creative Cognition*）。说到朱睿教授，她是我的好朋友，现在长江商学院任教。莱维·米塔当时是朱睿教授在加拿大英属哥伦比亚大学任教时的博士生，毕业后去了伊利诺伊大学香槟城分校。有意思的是，莱维·米塔大学毕业后曾经在企业界工作了十年，后来他选择离开企业界而全职攻读博士。因此，莱维·米塔的年龄比自己的导师朱睿教授还大，这在国外其实是非常正常的现象。

莱维·米塔等三位教授用多个实验详细研究了不同分贝的声音对创造力的影响。他发现，适度的噪声既不会对注意力有明显的干扰，又能在一定程度上唤醒大脑思考，这种声音环境更有利于激发大脑的创造力。

接下来，让我们一起来看看莱维·米塔等三位教授的实验。

首先，为了让实验中用到的声音更加贴合日常生活，莱维·米塔等三位教授在实验的准备阶段带领团队从咖啡厅、饭店、马路边、建筑工地等公共场所收集人们的谈话以及嘈杂的背景声音，通过电子设备的叠加，将这些声音做成用于实验的特定的可以调节分贝大小的数字声音。在实验参与者完成任务的过程中，使用 MP3 播放器外加两个立体声扬声器，播放收集的背景声音来完成实验中对声音变量的操纵。这些数字声音被分成三类：50 分贝的低噪声水平、70 分贝的中等噪声水平和 85 分贝的高噪声水平。同时，莱维·米塔等三位教授还设置了一组对照组。对照组的分贝设定是通过测量实验室的日常声音为 39～44 分贝，然后取平均值 42 分贝。

在完成对声音变量的前期准备之后，莱维·米塔等三位教授在加拿大英属哥伦比亚大学找到了 65 名学生作为被试，展开不同分贝声音对创造力影响的实验。对创造力的测量，莱维·米塔等三位教授使用的是最常被用到的RAT。每个被试都需要解答8道RAT题。

在这个实验中，所有实验参与者被随机分为4组（低分贝、中等分贝、高分贝、对照组），然后他们分别到四个不同分贝噪声的实验房间中完成8道RAT题。在这些学生完成RAT题的过程中，电脑会自动记录学生的答案和学生完成每道RAT题所花的时间。

现在，让我们一起来看看实验结果：①低分贝声音组的学生平均答对4.29道RAT题，平均答题耗时为14.94秒；②中等分贝声音组的学生平均答对5.80道RAT题，平均答题耗时为14.09秒；③高分贝声音组的学生平均答对3.88道RAT题，平均答题耗时为9.51秒；④对照组的学生平均答对4.48道试题，平均答题耗时为13.26秒。

根据这些实验结果，我们不难发现，中等分贝声音组的学生相比于低分贝声音组、高分贝声音组和对照组的学生，能够答对更多RAT题（统计上该差异是显著的）。同时，高分贝声音组的学生答题平均耗时显著少于其他三种声音环境下的学生，说明高分贝的环境会使人不耐烦。

答对RAT题目的数量代表了学生的创造力水平，而答题的耗时测量的是学生对RAT题信息进行处理的时耗，也就是我们常说的思考时间。因此，实验结果表明，在高分贝声音环境下，人们不愿意思考，所以思考时间是最短的，回答正确RAT题的数量也是最少的，这表明在高分贝声音环境中，人们偏向于不思考，因而表现出较低的创造力。更有意思的是，在中等分贝声音环境下，人们思考的时间不会减少，注意力也不会受到明显的影响，而且同时表现出较高的创造力。

这个研究结果具有重要的意义，后来《纽约时报》对这个实验结果进行了报道。因为，我们经常发现自己在极其安静的环境中很难产生创新的思路或方法，相反，当我们到有些嘈杂的咖啡厅，反而效果更好。而熙熙攘攘的咖啡馆或播放电视的客厅中的环境噪声正好约为 70 分贝，也就是中等分贝声音。因此，相比相对安静的 50 分贝噪声，中等分贝声音更能提升人们的创造力。

在接受《纽约时报》采访时，莱维·米塔教授说："极其静谧的环境能令你全神贯注，而这也会妨碍你进行抽象思考。而适度的噪声，刚好可以让人们稍微分一点心，因此思考问题的范围更广，有助于你跳出固有的思维模式。"

当然，如果环境里的噪声程度太高，例如达到了高分贝组的 85 分贝，大致相当于搅拌器或垃圾处理器发出的噪声级别，这样的噪声就会让人分心，反而会降低人们的创造力。

床垫实验

在上面的第一个实验中，莱维·米塔等三位教授发现中等分贝声音组的学生相比于低分贝声音组、高分贝声音组和对照组的学生，能够答对更多 RAT 题，即创造力更高。很自然，问题出现了：为什么？这个效应背后的机制是什么？

为了探索中等分贝声音可提高创造力的机制和原因，并进一步复制第一个实验的结果，莱维·米塔等三位教授进行了第二个实验——床垫实验。他们的预测是，中等分贝声音导致人们稍微分了点心，因此思考问题的范围更广，也就是能更加抽象地进行思考，因此提高了创造力。

在这个实验中，所有实验参与者被随机分为 3 组（低分贝、中等分贝、高分贝）（对照组由于分贝数和低分贝组非常接近，因此不再单独设对照组）。然后，他们分别到 3 个不同分贝噪声的实验房间中完成关于床垫用途的创造力测试题：“为床垫厂商想一种新床垫的创造性用途或产品设计方案！”实验参与者给出的答案将被用来衡量创造力，同时他们完成测试题所花的时间以及所给出的答案数量将被用来衡量他们的信息处理程度。

为了测量每一个实验参与者的思维水平（construal level）究竟是否更加抽象，每个实验参与者都完成了一个25道题的行为识别表（Behaivoral Identification Form）。每道题都会给出一种具体的行为，然后要求实验参与者从两个选项中选择一个最能代表他们此时此刻状态的选项。例如，其中一道题给出的具体行为是“列一个清单”，对应的两个选项分别是“为了更加有计划性”和“把具体事情写下来”，实验参与者必须在这两个选项中选择一个。聪明的你可能已经看出来了，第一个选项“为了更加有计划性”是更加抽象的思维水平，而第二个选项“把具体事情写下来”则是更加具体的思维水平。

一共有60个英属哥伦比亚大学的本科生作为被试参加了这个实验。他们在各自不同的声音环境下先做25道行为识别表问题以测量思维水平，然后做床垫用途题以测量创造力。为了计算创造力，莱维·米塔等三位教授请来了另外12位英属哥伦比亚大学的本科生作为裁判，给每个被试列出的各种床垫用途进行打分。最后，莱维·米塔等三位教授采用裁判们打分的平均数确定了每一个独有用途的创造性分数。

现在，让我们一起来看看实验结果。

首先，创造力结果显示：①低分贝声音组的学生平均创造力得分为3.57；②中等分贝声音组的学生平均创造力得分为4.01；③高分贝声音组的学生平均创造力得分为3.58。中等分贝声音组的学生相比于低分贝声音组和高分贝声音组的学生，明显有更高的创造力（统计上该差异是显著的）。

其次，思维水平结果显示：①低分贝声音组的学生平均思维水平得分为 39.6；②中等分贝声音组的学生平均思维水平得分为 42.32；③高分贝声音组的学生平均思维水平得分为 42.83。无论是中等分贝声音组的学生，还是高分贝声音组的学生，相比于低分贝声音组的学生，明显都有更高（更抽象）的思维水平（统计上该差异是显著的）。而对比中等分贝声音组的学生和高分贝声音组的学生，他们在思维水平上的得分并没有统计上的显著差别。

为了进一步验证中等分贝声音提高创造力的背后机制，莱维·米塔等三位教授进行了中介效应分析（Mediation Analysis）。中介效应分析是统计学上对深层机制进行分析的非常有用的工具。2014 年，我和我的博士生陈瑞（现任教于厦门大学）以及清华大学的同事刘文静教授一起在《营销科学学报》上发表了一篇关于中介效应的论文——《中介效应分析：原理、程序、Bootstrap 方法及其应用》，这篇文章获得了非常多的引用，感兴趣的读者可以进一步阅读和学习。

莱维·米塔等三位教授通过中介效应分析发现，与低分贝声音相比，中等分贝声音之所以能提高人们的创造力，确实是因为思维水平的中介作用。也就是说，与安静的环境相比，咖啡馆等中等分贝声音的环境反而可以导致人们稍微分了点心，因此人们思考问题的范围更广，也就是人们可以更加抽象地思考，进而提高了创造力。

不过，有意思的是，前面关于思维水平的数据结果告诉我们，对比中等分贝声音组的学生和高分贝声音组的学生，他们在思维水平上的得分并没有统计上显著的差别。由此可见，高分贝声音并不会降低人们的思维水平。那么，为什么高分贝会降低人们的创造力呢？

你记不记得，前面我们说过，莱维·米塔等三位教授也测量了每个被试完成床垫测试题所花的时间，这个可以用来衡量他们的信息处理程度。被试做题所花时间的结果显示：①低分贝声音组的学生平均做题时间为 140.04 秒；②中等分贝声音组的学生平均做题时间为 141.24 秒；③高分贝声音组的学生平均做题时间为 98.06 秒。无论是中等分贝声音组的学生，还是低分贝声音组的学生，相比于高分贝声音组的学生，明显都有更长的答题时间（统计上该差异是显著的）。

由此可见，高分贝声音会降低人们的创造力，其背后的机制非常可能是因为高分贝声音降低了人们的答题时间，即高分贝声音降低了人们的信息处理程度。为了进一步验证高分贝声音降低创造力的背后机制，莱维·米塔等三位教授再次进行了中介效应分析。结果发现，与中等分贝声音相比，高分贝声音降低人们的创造力确实是因为信息处理程度的中介作用。也就是说，与咖啡馆等中等分贝声音的环境相比，高分贝声音的环境会导致人们过度分心，花在问题上的时间减少，因此降低了创造力。

砖块实验

在上面的两个实验中，莱维·米塔等三位教授发现中等分贝声音的环境可以提高创造力，而且其背后的决定机制是思维水平的中介作用。也就是说，与安静的环境相比，咖啡馆等中等分贝声音的环境反而可以使人们稍微分点心，从而导致人们信息处理不流畅，进而使思考问题的范围更广，也就是更加抽象地思考，因此提高了创造力。

不过，仍然有许多人对这个机制提出了疑问。有学者认为，中等分贝的声音可以提高人们的唤醒水平（arousal level），因此可以提高创造力。因此，为了排除这种可能的解释，莱维·米塔等三位教授又做了一个实验，以进一步验证中等分贝声音是通过人们的稍微分心导致信息处理不流畅，进而有助于抽象思考这个机制来提高创造力。

这是一个复杂的 2×2 实验，比前面的“床垫实验”更加复杂一些。为了衡量创造力，莱维·米塔等三位教授要求参与者在 2 分钟内列出尽可能多的关于砖块的创造性用途。因此，我们不妨称其为“砖块实验”。这个“砖块实验”有两个自变量，第一个自变量是声音分贝（低 vs 中等），第二个自变量是砖块任务时间（延迟 15 分钟 vs 无延迟）。

之所以要增加“延迟与否”这个新的自变量，是因为要排除唤醒水平这个可能的解释。唤醒水平是一种生理现象（参与者的唤醒水平是通过参与者的心率和血压两项生理指标来进行测量的），会随着时间延续而逐渐变化：在刚刚开始听到中等分贝的声音时，人们确实会出现更高的唤醒水平。然而，如果一直长时间听到中等分贝的声音，人们在生理上就会逐渐适应，唤醒水平也会逐渐下降。相反，信息处理流畅与否以及抽象思考是一种认知现象，只要有中等分贝的声音，人们就会有一定的分心和信息处理不流畅，从而导致抽象思考，与时间无关。

这个实验的参与者是英属哥伦比亚大学的 95 名本科生，他们被随机分成四组：前两组的学生在进入低分贝和中等分贝声音环境后，立刻开始了砖块创造性用途任务；另外的两组学生在进入低分贝和中等分贝声音环境后，先做 15 分钟左右的其他不相关的问卷后，才开始做砖块的创造性用途任务。每位学生在任务完成后，都被测量了心率和血压。

与“床垫实验”类似，为了计算创造力，莱维·米塔等三位教授请来了另外 12 位英属哥伦比亚大学的本科生作为裁判给每个被试列出的各种砖块用途进行打分。莱维·米塔等三位教授最后采用裁判们打分的平均数，确定了每一个独有用途的创造性分数。

现在，让我们一起来看看实验结果。

首先，砖块用途任务创造力结果如下：①在中等分贝声音环境下，延迟 15 分钟后才开始做砖块用途任务的学生，获得的平均创造力值约为 4.75 分；②在中等分贝声音环境下，进入环境立刻开始砖块用途任务的学生，获得的创造力平均分值约为 4.65 分；③在低分贝声音环境下，延迟 15 分钟才开始做砖块用途任务的学生，获得的平均创造力值约为 4.24 分；④在低分贝声音环境下，进入环境立刻开始做砖块用途任务的学生，获得的创造力平均分值约为 4.11 分。由此可见，无论延迟与否，与低分贝声音环境相比，中等分贝声音环境下学生的平均创造力得分都更高（该差异在统计上是显著的）。

其次，实验中对参与学生的唤醒水平检测结果显示：①在低分贝声音环境下，进入环境立即开始做砖块用途任务的学生心率平均水平为 67.55，血压平均值约为 104；②在中等分贝声音环境下，进入环境立即开始做砖块用途任务的学生心率平均水平为 78.12，血压平均值约为 115.92；③在低分贝声音环境下，延迟 15 分钟后开始砖块用途任务的学生心率平均水平约为 67.6，血压平均值约为 105；④在中等分贝声音环境下，延迟 15 分钟后开始砖块用途任务的学生心率平均水平约为 69.5，血压平均值约为 107.4。由此可见，如果没有延迟，中等分贝声音环境下学生的心率水平、血压值都高于低分贝声音环境组（该差异在统计上是显著的）。相反，如果有延迟，中等分贝声音环境下学生的心率水平、血压值与低分贝声音环境组并没有显著差异，也就是说，声音分贝对唤醒水平并没有影响。

综合以上结果，我们不难发现，在有延迟的情况下，由于中等分贝环境与低分贝环境下被试的唤醒水平并没有差异，但中等分贝环境与低分贝环境下被试的创造力水平仍然存在显著差异。因此，唤醒水平无法解释中等分贝声音环境为什么可以比低分贝声音环境更有助于提高创造力。

最后，莱维·米塔等三位教授还测量了每个实验参与者的信息处理不流畅程度。每个参与者都需要回答："此刻我在多大程度上感到分心？"以测量他们的分心程度，即信息处理流畅程度。

实验结果如下：①在中等分贝声音环境下，延迟 15 分钟后才开始做砖块用途任务的学生，信息处理不流畅程度平均值约为 5.35 分；②在中等分贝声音环境下，进入环境立刻开始砖块用途任务的学生，信息处理不流畅程度平均值约为 5.4 分；③在低分贝声音环境下，延迟 15 分钟才开始做砖块用途任务的学生，信息处理不流畅程度平均值约为 4.58 分；④在低分贝声音环境下，进入环境立刻开始做砖块用途任务的学生，信息处理不流畅程度平均值约为 4.05 分。由此可见，无论延迟与否，与低分贝声音环境相比，中等分贝声音环境下学生的信息处理不流畅程度平均值都更高（该差异在统计上是显著的)。

总结一下,“砖块实验”的结果再次说明,与低分贝的声音环境以及高分贝的声音环境相比,在中等分贝的声音环境下,人们会有更高的创造力。这是因为,中等分贝的声音可以使人们稍微分心,从而导致人们信息处理不流畅,进而有助于抽象思考,最后因此提高了人们的创造力。

《哈利 · 波特》与咖啡馆

提到《哈利 · 波特》(*Harry Potter*),想必大家都不陌生。《哈利 · 波特》是英国作家 J. K. 罗琳(J. K. Rowling)于 1997—2007 年所著的魔幻文学系列小说,共 7 部。截至 2025 年 6 月,《哈利 · 波特》系列小说已经被翻译成 80 余种语言,共卖出了超过 5 亿册。美国华纳兄弟电影公司把《哈利 · 波特》7 部小说改拍成 8 部电影,结果《哈利 · 波特》电影系列成为全球影史上最卖座的系列电影,总票房收入高达 78 亿美元。

然而,尽管《哈利 · 波特》这么成功,很多人可能不知道,《哈利 · 波特》这本书的创作就是罗琳在爱丁堡的尼科尔森咖啡馆中完成的。

1990 年，罗琳的生活陷入了低谷。她的母亲因病去世，她与第一任丈夫的婚姻破裂，成为单身母亲，带着年幼的女儿杰西卡，生活陷入了困境。她搬到爱丁堡，依靠微薄的救济金生活。

罗琳已经有了对《哈利·波特》故事的构想，但她和女儿在爱丁堡的公寓狭小且寒冷，生活中的琐事让她无法安心创作。偶然的一天，罗琳带着女儿来到了当地的咖啡馆。罗琳非常喜欢咖啡馆的氛围，那里不仅温暖，还给她一种安静而充满生活气息的创作空间。在此之后，罗琳一有机会就带女儿来咖啡馆创作。

罗琳最常光顾的咖啡馆是爱丁堡的尼科尔森咖啡馆。这家咖啡馆位于爱丁堡的老城区，环境舒适，价格亲民，适合带女儿在这里长时间停留。罗琳通常会点一杯咖啡，坐在靠窗的位置，一边照顾女儿，一边在纸质笔记本上写作。现在，尼科尔森咖啡馆作为《哈利·波特》的诞生地，吸引了无数粉丝。咖啡馆的墙上挂满了与罗琳和《哈利·波特》相关的纪念品，成为一座文化地标。

罗琳曾回忆说，咖啡馆的背景噪声——人们的交谈声、咖啡机的轰鸣声、杯盘的碰撞声——不仅没有干扰她的创作，反而让她有一种奇妙的安心感。她觉得咖啡馆的环境给了她一种奇妙的支持，让她感到自己并不孤单。

在咖啡馆里，罗琳当时还没有笔记本电脑，只能手写。她用笔在笔记本上写下了《哈利·波特》的初稿，这种方式虽然缓慢，却让她更加专注于细节，沉浸于魔法世界的构建中。

罗琳在咖啡馆写作的习惯并非偶然，许多作家和艺术家也喜欢在咖啡馆创作。咖啡馆的环境既不像家里那样安静得让人分心，也不像公共场所那样嘈杂得让人无法思考。这种适度的噪声和活动让创作者既能专注于想象，又不至于陷入孤独。

罗琳在咖啡馆写《哈利·波特》的故事与莱维·米塔等三位教授的研究不谋而合。他们的研究表明，适度的环境噪声能够激发创造力。咖啡馆的噪声平均值恰好在 70 分贝左右，这种适度的干扰可以使人们更加抽象地思考，反而更利于激发灵感和想象力。

图灵：从一个孤僻孩子，到人工智能的先驱

在 20 世纪的科技史上，艾伦·图灵（Alan Turing）无疑是最具影响力的科学家之一——一位无可争议的科技天才。他的成就不仅奠定了现代计算机科学的基础，还给人工智能、密码学、数学逻辑等多个领域指明了发展的方向。尽管他的一生短暂而充满坎坷，他的思想却照亮了人类科技的未来。现在让我们一起走进图灵的人生。

图灵于 1912 年 6 月 23 日出生在英国伦敦，他的家庭背景显赫，父亲朱利叶斯·图灵（Julius Turing）是一位印度公务员，母亲埃塞

尔·萨拉·图灵（Ethel Sara Turing）则来自一个富裕的英裔爱尔兰家庭，其父亲是马德拉斯铁路的首席工程师。尽管图灵的家庭条件优越，但由于父亲的工作性质，父母长期在印度生活，因此图灵和哥哥约翰（John Turing）在成长过程中常与父母分离，主要由在英国的祖父母抚养长大。

图灵从小就表现出与众不同的特质，尤其是对数学和科学兴趣浓厚。他在 6 岁时就开始研究蜜蜂如何酿蜜，8 岁时写了一篇关于显微镜的科学短文。9 岁时图灵便被送到贵族学校学习，他在学校里并不擅长社交，但对知识的渴望让他时常沉浸在自己的世界中。

15 岁时，图灵搬到了多塞特郡的谢伯恩公学。在这里，图灵常常独自研究复杂的数学问题，甚至在没有老师指导的情况下自学高等数学，逐渐成长为一名数学家。这让他的老师们既惊讶又无奈，他的老师觉得他很难教，甚至校长还给他贴上了“绝对反社会”的标签，因为图灵很孤僻，社交能力并不突出，他喜欢用自己独特的方法做事。

1931 年，图灵考入剑桥大学国王学院，主修数学。在剑桥大学，他的才华得到了充分施展，他的数学水平远超同级新生。1934 年，他以优异的成绩毕业，并获得了令人意想不到的剑桥“B 级明星牧马人”（B Star Wrangler）一等荣誉。1935 年，他发表了一篇关于概率论的论文，并开始对“可计算性”问题产生兴趣。

1936 年，年仅 24 岁的图灵发表了论文《论可计算数及其在判定问题上的应用》（*On Computable Numbers, with an Application to the Entscheidungsproblem*）。在这篇论文中，他提出了图灵机（Turing Machine）的概念，这一理论解决了数学家大卫·希尔伯特（David Hilbert）提出的判定问题，开创了计算理论领域。这篇论文是 20 世纪最重要的科学论文之一，推动了通用计算机器的发展，也奠定了现代计算机的理论基础。

1939 年，第二次世界大战（以下简称二战）爆发，英国政府急需破解德军的加密通信系统，尤其是恩尼格玛（Enigma）密码机。图灵因其数学天赋被招募到英国政府在布莱切利公园（Bletchley Park）的政府密码和解密学院工作。在这里，图灵主要负责破译恩尼格玛密码机。

恩尼格玛是一种极其复杂的机械加密装置，每天能生成数百万种可能的密钥组合，德军认为它是“不可破解的”。但图灵通过数学分析发现，某些语言模式如德军的固定电报格式，可以成为突破口。

图灵带领团队设计了一台名为“炸弹机”（Bombe）的机械设备。炸弹机可以在短时间内快速测试可能的密钥组合，破解了大量密码，大幅提高破译效率，为盟军在大西洋战场上的胜利做出了巨大贡献。到了 1941 年，英国已经能够实时解读德军的通信，这对盟军的战略决策起到了关键作用。据历史学家估计，图灵的破译工作使二战时间至少缩短了两年，并拯救了超过 1000 万人的生命。

二战结束后，图灵加入英国国家物理实验室，开始研究通用计算机。1948 年，他转至曼彻斯特大学，参与“曼彻斯特马克一号”（Manchester Mark 1）的研发，这是世界上最早的存储程序计算机之一。

1950 年，图灵发表了另一篇开创性论文《计算机器与智能》（*Computing Machinery and Intelligence*），首次提出了著名的“图灵测试”（Turing Test）概念。图灵测试是指，如果一台机器能够通过对话让人类误以为它是真人，那么它就可以被认为具有“智能”，即通过机器与人类的对话来判断其是否具备智能。这一思想直接推动了人工智能领域的发展。

除了计算机科学，图灵还对生物学有着浓厚的兴趣。1952 年，他发表论文《形态发生的化学基础》（*The Chemical Basis of Morphogenesis*），用数学模型解释生物体的生长模式，这一研究至今仍在生物学和数学领域产生影响。

尽管图灵在学术和科研领域取得了卓越成就，他的个人生活却充满了争议。1952 年，图灵的公寓遭窃，警方调查时发现他与一名男性有亲密关系。当时，社会对同性恋持严厉态度，英国法律将同性恋视为犯罪，因此，图灵因“严重猥亵”行为被捕，并被迫接受化学阉割，这一事件对他的身心都造成了极大的伤害。

1954 年 6 月 7 日，图灵在家中去世，年仅 41 岁。他死在家中的床上，床头还放着一个被咬过几口的苹果。官方认为他是自杀，但这一结论至今仍有争议。有人认为他可能死于做实验的意外，也有人认为他死于化学阉割导致的并发症。图灵的死讯在当时引起了极大的震动。

1966 年，美国计算机协会（ACM）设立了被誉为计算机界的诺贝尔奖的“图灵奖”，用以表彰对计算机科学有重大贡献的学者，获奖者包括互联网创始人、人工智能先驱等。1983 年，霍奇斯（Andrew Hodges）出版了《艾伦·图灵传：如谜的解谜者》，全面展示了图灵的生平和思想。2009 年，3 万多英国民众自发为图灵请愿，不久后，英国首相戈登·布朗代表政府公开道歉，承认图灵受到了可怕的对待。2013 年，英国女王伊丽莎白二世正式赦免图灵。2017 年，英国通过《图灵法案》，赦免历史上因同性恋被判罪的所有人。如今，图灵的故事被多次搬上银幕，如 2014 年的电影《模仿游戏》（*The Imitation Game*），让更多人了解这位被遗忘的英雄。

图灵的生命在 41 岁时戛然而止，他的一生短暂而辉煌。他的创造力改变了世界，他的思想超越了时间的界限。他不仅在数学、逻辑学、计算机科学和人工智能领域做出了开创性的贡献，而且在二战期间为盟军的胜利做出了巨大贡献。

在科技日新月异的今天，图灵的影子无处不在，每当我们使用智能手机、与 AI 对话、享受互联网带来的便利时，我们都在与他的智慧对话。他的“图灵机”概念是现代计算机的雏形，他的“图灵测试”仍在引领人工智能的发展方向，他在密码学、生物学等领域的贡献至今仍在推动相关学科的进步。

正如图灵在 1950 年那篇开创性的论文中所写："我们只能看到很短的未来，但可以清楚地看到那里有大量工作需要完成。"这句话不仅适用于计算机科学的发展，也适用于人类文明的进步。未来的发展充满无限可能，成功的关键在于我们今天就应开始行动，用理性探索未知，用智慧创造未来。

本章小结

无论是莱维·米塔等三位教授的几个实验，还是爱因斯坦的光速旅行声音，抑或J. K. 罗琳在咖啡馆创作《哈利·波特》系列小说，这些都证明适度的环境声音可以提高创造力。适度的环境声音可以使人们更加抽象地进行思考，因此更利于激发灵感和想象力。

许多家长认为孩子学习需要一个非常安静的环境，看到孩子在咖啡馆等嘈杂环境中学习或工作，往往会认为这会分散注意力。然而，莱维·米塔等三位教授的几个实验告诉我们，适度的噪声环境或许并非坏事。因为完全安静的环境容易让人陷入固定的思维模式，而适度的噪声反而能够激发大脑的活跃度，帮助人们跳出常规，产生更多有创意的想法。

因此，我们不必一味追求绝对安静，尤其在需要创造力的场景中。图灵为世界做出了巨大贡献，却因为同性恋问题而惨遭不公平对待，最后英年早逝，这何尝不是社会主流之外的另一种声音。社会需要包容和理解，我们应该允许多种声音存在。

研究表明，适度的噪声环境可能正是激发创新思维的关键。对于孩子、学生、作家、艺术家等需要创造力的人来说，找到适合自己的环境噪声水平，或许能帮助突破思维限制，释放创造力。

第八章

黑暗是我的眼睛，我却用它寻找光明

黑暗与孤独的地方，往往是创意开始发酵的地方。

——美国著名导演　大卫 · 林奇（David Lynch）

黎明前的晨光：打开世界的钥匙

托尼·莫里森（Toni Morrison，1931—2019）是美国著名黑人女作家、诺贝尔文学奖得主，以深刻探讨非裔美国人历史、身份和创伤的文学作品闻名。她曾说过，天色微微亮时，端上一杯咖啡，看着黑夜变成白昼，就能让她文思如泉涌，她认为这种光影交替变化的仪式感是她进入创作空间的一部分。

托尼·莫里森原名克洛伊·阿德莉·沃福德，1931 年生于俄亥俄州一个钢铁工人家庭，从小接触黑人文化和民间故事。她在霍华德大学攻读英语学士期间，开始意识到文学中黑人角色的缺失。在康奈尔大学攻读硕士期间，她开始潜心研究福克纳和伍尔夫笔下的黑人角色。毕业后，她成为兰登书屋首位黑人女性高级编辑。

她于 1970 年出版的首部小说《最蓝的眼睛》，以 11 岁的黑人女孩佩科拉祈求蓝眼的悲剧，质问白人审美霸权。1987 年出版的《宠儿》，借一个被母亲亲手杀死以逃避奴隶制的女婴亡魂，将美国历史的血腥伤口具象化，这部作品最终为她赢得了普利策奖。1993年，这位“用神话般的想象力重塑现实”的非裔美国女作家获得诺贝尔文学奖，她也是第一位获此殊荣的美国非裔女作家。

她的一生一共出版了11部小说。在1993年接受《巴黎评论》采访时，托尼·莫里森以诗意的语言描述她独特的创作仪式。黎明前的微光是她打开文学世界的钥匙。她喜欢在破晓前起床，坐在书桌前，注视着黑暗一寸寸退去，光线从窗户间渗入，这种光影交替的时刻，让她文思如泉涌，笔头的文字开始流动。

对她而言，光线不仅是物理现象，更是一种隐喻性的创作催化剂。晨昏交界时的朦胧天色既非彻底的黑夜，也非刺目的白昼。她提到，在这种半明半暗的环境中，记忆与虚构的幽灵更容易浮现。正如她笔下那些游荡在历史阴影中的角色，总在黄昏或黎明时被真相追逐。

莫里森对光线的敏感或许源于非裔美国人的集体经验。黑暗曾是黑人奴隶逃亡的掩护，而光明则象征自由却危险的白昼。她的文字常以光影为媒介展开叙事，比如《爵士乐》中哈莱姆的煤气灯如何“舔舐着角色的轮廓”，或是《最蓝的眼睛》里佩科拉对着煤油灯端详自己，试图在微弱的光亮中找到被否定的美丽。

这位诺贝尔文学奖得主的工作台始终靠近窗户，她拒绝人工照明的均质化亮度，坚持依赖自然光的变换节奏。当被记者问到为何在黎明写作时，她回答：“黑暗尚未散尽，但已能看见——这正是文学创作需要的状态。”

在晨光中，渐亮的天色是她启动文学想象的视觉仪式，而咖啡的香气是她进入创作的嗅觉密码。

外星人实验

那么，光线真的会影响创造力吗？德国斯图加特大学建筑物理系教授安娜·施泰德勒（Anna Steidle）和德国霍恩海姆大学商业与组织心理学教授奥巴·沃思（Lioba Werth）对光线如何影响创造力进行实验，并将实验发现汇总成论文《不受约束：黑暗和昏暗的灯光能促进创造力》（*Freedom from Constraints: Darkness and Dim Illumination Promote Creativity*），发表在《环境心理学学报》（*Journal of Environmental Psychology*）上。

让我们一起来看看安娜·施泰德勒和奥巴·沃思两位教授的实验究竟是怎么完成的。首先，两位教授通过前期的调研，提出了这样一个假设：昏暗的光线条件会促进个体的创造力。然后，带着这样的假设，他们找到了 40 名德国本科生作为被试开始实验。

在这个实验里，这 40 名学生参与者被随机分成两组，一组为昏暗光线环境组，另一组为明亮光线环境组。聪明的你是不是已经看出来了？光线明亮或者昏暗就是这个实验的自变量。对光线明亮或者昏暗的操纵是通过这些学生参加一个“心态启动任务”（mindset priming task）来达成的。

那么什么是“心态启动任务”呢？“心态启动任务”是让参与者用 5 分钟时间描述假设他们处在某一个特定场景中的感受。例如，描述处于室内还是室外、周围有没有其他人等不同环境场景下感受到的信息。因此，在这个实验里，两位教授让这两组学生分别用 5 分钟时间来描述回忆在昏暗光线环境或明亮光线环境下的感受。

这些学生完成“心态启动任务”之后，被要求想象自己在宇宙中的另外一个与地球非常不同的星系，然后用 7 分钟时间画出在想象中的星系见到的外星人的样子。聪明的你一定已经看出来了，这就是因变量创造力的测量。由于这个实验采用了画外星人作为创造力的衡量，我们不妨把这个实验称为“外星人实验”。

收集到参与学生的图片后，两位教授请来两名专门的打分人员，对这些学生的图片从三个方面进行 1～5 分的打分。其中，第一个方面是整体的创造性；第二个方面是与地球上的生物的相似程度；第三个方面是所画的外星人是否具有一些特别的特征。

打分结果显示，昏暗光线组的学生的创造力的平均得分是 3.35 分，明亮光线组的平均得分为 2.6 分，两者之间的差异在统计学上是显著的。这一结果证实了两位教授最初的猜想，即与明亮光线环境相比，昏暗光线环境下人们的创造力会更高。

找词游戏

上述外星人实验初步证明了昏暗光线对创造力的积极影响。为了再一次验证昏暗光线可以提高创造力的假设，安娜·施泰德勒和奥巴·沃思两位教授又用不同的自变量操纵方式以及不同的因变量测量方法进行了另外一次实验。

这次实验的参与者是 113 名学生，他们被随机分为三组：昏暗光线组、明亮光线组、对照组。在自变量光线条件的设置上，这个实验采用了找词游戏（word search puzzles）的方法。找词游戏基本结构由二维字母矩阵（如 16×16 网格）和预设单词列表组成，参与者需要从水平、垂直、对角线中找出隐藏单词。在这个实验里，一共有三组词汇分别对应不同的组（昏暗组、明亮组、对照组），每组词汇包括 12 个单词。昏暗组的词汇主要与黑暗相关，包括“黑色”“昏暗”“夜晚”等，明亮组的词汇则与明亮相关，包括“太阳”“白色”“白天”等。最后，对照组的词汇主要是一些中性的词语，如“布丁”“十字架”等。

实验参与者完成找词游戏任务之后，被要求在 3 分钟内写下尽可能多的砖块的创造力使用方法。聪明的你一定已经看出来了，这就是对因变量创造力的测量，其方法与之前的“砖块实验”相同。

在参与实验的学生完成实验后，两位教授找到 3 名打分员对参与者写下的砖块用途内容进行创造力打分。实验结果如下：昏暗组学生的创造力平均得分为 2.33 分，而明亮组学生的创造力平均得分为 1.24，对照组学生的创造力平均得分为 1.17。昏暗组学生的创造力显著高于明亮组学生和对照组学生的创造力（该差异在统计上是显著的）。

因此，上述两个实验的结果表明，与明亮光线的环境相比，昏暗光线的环境反而可以提高人们的创造力。

实地光线实验

在上述的两个实验中，自变量光线环境都不是实地的光线，而是通过“心态启动任务”或者“找词游戏”来操纵。因此，在这个实验中，两位教授通过改变参与者所处环境的实地光线，再一次验证昏暗光线可以提高创造力的假设。

在这个实验中，两位教授选取 2.90 米 × 4.30 米大小的一个房间，模仿真实办公室的布局，墙壁是灰白色的，桌子是灰色的，窗户上盖了不透明的白色窗帘，因此没有阳光进入房间，房间的灯光可完全通过人工照明控制。

根据前人的研究，一般认为昏暗的光线条件下［光］照度平均在 150 勒［克斯］，在明亮的光线条件下为 1500 勒［克斯］，而日常的光线条件下为 500 勒［克斯］。因此，在这个实验中，房间里的全部荧光灯都设置了三种亮度：一组为昏暗光线组，设置光线为 150 勒［克斯］；一组为明亮光线组，设置光线为 1500 勒［克斯］；还有一组为对照组，设置光线为 500 勒［克斯］。

最后，在这个实验中，创造力的测量使用了四个创造力问题："蜡烛问题、2 美元钞票问题、擦窗工问题、不想要问题"这四个问题。这四个问题包括两个语言任务、一个空间任务和一个数学洞察力任务。其中：①"蜡烛问题"是一个经典的创造力测试，在前文已经详细说过；②"2 美元钞票问题"要求参与者思考如何用 2 美元钞票创造新的用途；③"擦窗工问题"要求参与者从不同角度思考如何高效完成清洁窗户的任务；④"不想要问题"要求参与者列举出物品的多种用途，但不包括其常规用途。

114 名学生参与了这个实验。学生们被随机分为三组（昏暗光线组 vs 明亮光线组，设置光线为 1500 勒［克斯］；还有一组为对照组），每组学生在不同的光线环境下完成四个创造力问题。

实验完成后，两名打分员从三个方面进行打分，最后统计每组学生的平均创造力得分。实验结果表明，昏暗光线组学生的创造力平均得分为 4.58，明亮光线组学生的创造力平均得分为 2.91，对照组学生的平均创造力得分为 3.12。昏暗组学生的创造力显著高于明亮组学生和对照组学生的创造力（该差异在统计上是显著的）。不出意料，这次实验的结果再次验证了两位教授最初的猜想——与明亮的光线环境相比，昏暗的光线环境更能激发人们的创造力。

梵高：黑暗的房间是我的摇篮与子宫

梵高是荷兰后印象派的巨匠与表现主义的先驱，他用短暂而炽烈的艺术生命重塑了现代绘画的边界。他以独特的艺术风格和对色彩的大胆运用而闻名，其作品如《星月夜》《向日葵》系列，成为人类艺术史上极具辨识度与精神力量的象征。

“黑暗的房间是我的摇篮和子宫，是我秘密的空间。”梵高曾说过的这句话，揭示了他创作的核心密码。他在给弟弟提奥的信中也曾说过：“当我闭上眼，或在昏暗的房间里，那些色彩反而更加鲜活——钴蓝像深渊，铬黄如烈日，它们在我的脑海里燃烧。”

梵高非常喜欢黑暗，他常在深夜走向田野，在帽檐上固定蜡烛作画，即便在白昼，也会拉上窗帘，将自己“囚禁”在人造的昏暗之中。在低光环境中，常规视觉被弱化，而梵高的其他感官却会变得异常敏锐。

黑暗放大了梵高对画布质感的感知，促使他发明了如雕塑般厚重的颜料堆积技法；夜晚的寂静让他“听见”色彩碰撞的声音，笔触因此具有音乐般的律动；模糊的视线反而激活他的潜意识，将故乡荷兰的金色麦田、日本浮世绘的线条全部熔铸成全新的视觉语言。他在黑暗中“看到”的星空不是静谧的蓝，而是翻滚的漩涡；他笔下的昏暗光线里的向日葵不是普通的黄，而是在阴影中迸发的熔金。

梵高并非孤独的暗夜行者。17 世纪荷兰黄金时代的艺术大师如伦勃朗（Rembrandt Harmenszoon van Rijn）、维米尔（Johannes Vermeer）等也都喜欢在夜间工作，在烛光和昏暗光线下进行艺术创作。伦勃朗是欧洲 17 世纪最伟大的画家之一，也是荷兰历史上最伟大的画家。而伦勃朗的伟大正得益于他的一种特殊技术——明暗法。法国 19 世纪画家兼批评家弗罗芒坦（Fromentin）称他为“夜光虫”，又有人说他以黑暗绘成光明。卢浮宫中藏有两幅被认为是伦勃朗代表作的画——《木匠家庭》和《以马忤斯的晚餐》。

维米尔是荷兰 17 世纪最著名的画家之一，他以展现具有惊人光线的私密家庭场景而闻名，此外他还擅长用画笔勾勒出宁静到近乎永恒的美感，比如著名的《戴珍珠耳环的少女》和《代尔夫特风景》。

由此可见，在低光环境下，艺术家们对明暗的感知变得更加敏感，而创作的形象也更加鲜活。

乔布斯：从被亲生父母遗弃的孩子，到改变世界的商业领袖

在创造力的名人堂中，除了前面各章提到的科学家，还有许多优秀的企业家值得我们学习，他们用自己的创造力改变了世界。苹果公司的创始人乔布斯就是其中的一位。

1955 年，史蒂夫·乔布斯（Steve Jobs）出生于美国旧金山。与大多数普通孩子的命运不同，乔布斯一出生就被亲生父母遗弃了。他的母亲乔安妮是美国威斯康星州的一个白人天主教徒，在威斯康星大学读研究生时爱上了一个来自叙利亚的穆斯林钱德里并怀孕了。由于乔安妮父亲的反对，他们俩无法结婚，而乔安妮也不愿意堕胎，只好来到旧金山把孩子生下，并在好心医生的安排下把孩子送给愿意收养孩子的父母。当时，乔安妮发现，要收养乔布斯的这对养父母竟然没上过大学，为了孩子的未来，乔安妮曾经一度拒绝签字。最后，在乔布斯的养父母签字保证将来一定送乔布斯上大学之后，乔安妮才在领养文件上签了字。

尽管乔布斯一生下来就被亲生父母抛弃，但幸运的是，他的养父母非常爱他，给了他一个在美国加州硅谷的家。20 世纪 50 年代

初，硅谷还是一片农场，后来由于斯坦福大学开始提供科技创业的园区而逐渐发展起来。乔布斯有幸在硅谷长大，并和硅谷一起成长起来。如果乔布斯跟着亲生父母在美国中北部的威斯康星州长大，那他的人生完全可能就是另外一个故事了。

小时候的乔布斯喜欢恶作剧，淘气顽皮的他在读完小学三年级之前就被学校送回家两三次。不过，乔布斯的父母（即养父母，为行文方便，后文一律称“父母”）每一次都坚定地站在自己的孩子这一边，认为责任在学校，因为学校没有激发乔布斯的学习兴趣。甚至，乔布斯的父亲对学校老师这么说：“如果你提不起他的兴趣，那是你的错。”

四年级时，乔布斯遇到了一位对他特别好的老师，这位老师后来被乔布斯称为“生命中的圣人之一”。这位老师给乔布斯做了一个测试，结果发现乔布斯的得分竟然是高中二年级水平！由于乔布斯智力超群，所以学校允许他连跳两级，直接升入七年级。不过，父母为了保护乔布斯，只让他跳了一级，直接升入六年级。

然而，跳级也带来了副作用。由于乔布斯比同班同学年龄都小，经常被欺负，最后在七年级的时候，乔布斯要求父母必须送他转学去别的学校。当时乔布斯父母经济上并不宽裕，收支仅能刚好平衡，但还是为乔布斯花了 2.1 万美元在更好的学区买了一幢房子。就在这座位于克莱斯特路 2066 号的房子的车库里，后来乔布斯创立了伟大的苹果公司，不仅引领了个人电脑的潮流，而且苹果公司在过去10年里保持了全球市值第一的地位！每次访问硅谷，我都会特意去乔布斯故居的车库看看。那真的只是一座非常不起眼的小房子，却能够诞生今天全球最伟大的公司之一，不由令人心生敬意！

高中毕业之后，乔布斯开始读大学。父母领养他时保证过一定要让他上大学，因此父母一直省吃俭用，为他存下了一笔专款。然而，乔布斯这时候仍然非常叛逆：他既不愿意考虑去加州的名校伯克利（伯克利是加州的公立大学，学费对州内居民非常低，可以帮助父母减轻负担），也不考虑家门口的斯坦福大学（当时斯坦福愿意提供奖学金，乔布斯却嫌斯坦福没有艺术性），最后乔布斯坚持要去远在波特兰市的里德学院，这是全美最贵的私立大学之一。尽管乔布斯父母根本付不起里德学院的高额学费，但仍然对乔布斯妥协了。

在里德学院读书之后，乔布斯很快开始讨厌那些必修课。由于父母把毕生的积蓄都花在乔布斯的学费上了，乔布斯也因此感到有负罪感。于是，乔布斯决定退学（不交学费），却仍然待在里德学院旁听他感兴趣的课程（必须为里德学院点赞）。在这里，乔布斯学到了他感兴趣的书法课，而这就是后来苹果麦金塔电脑有很多优美字体的来源。可以说，乔布斯职业生涯里对设计和美感的追求，离不开他在里德学院的学习。

1974年，在里德学院学习了18个月之后，乔布斯决定回到硅谷的父母家里，并找了一份在游戏制造商雅达利公司的工作。1976

年 4 月 1 日，乔布斯和高中学长斯蒂夫·盖瑞·沃兹尼亚克（Stephen Gary Wozniak）联合创立了苹果公司，总部就设在乔布斯家的车库。之所以命名为“苹果”，是因为乔布斯爱素食，经常连续一个星期只吃苹果作为一日三餐，而且由于“苹果”的英文（apple）是字母 A 开头的，乔布斯希望这样苹果公司就可以在黄页电话簿上排在前面。

1977 年 4 月，成立刚刚一年的苹果公司在首届西海岸电脑展览会上隆重发布了全新的 Apple Ⅱ电脑！ Apple Ⅱ电脑的问世使苹果公司获得了巨大的成功。1980 年 12 月 2 日，成立仅 4 年的苹果公司就上市了，市值高达 17.9 亿美元！这次上市一下子让年仅 25 岁的乔布斯成为亿万富翁（身家达到 2.56 亿美元）。1982 年，乔布斯登上了《时代》杂志的封面。这时候的乔布斯春风得意。

1979 年 12 月，乔布斯去施乐公司的实验室参观。那是他第一次看到图形界面的电脑和鼠标（Apple Ⅱ电脑采用的是指令系统）。离开施乐公司的实验室之后，乔布斯立刻决定打造一台用图形界面和鼠标的电脑。苹果公司对施乐实验室的这次模仿被称为史上最严重的技术盗窃。乔布斯后来这样回应：“伟大的艺术家窃取灵感。”从施乐那里“偷来”的灵感最后为乔布斯带来了重要收获——于 1984 年推出伟大电脑：麦金塔。

20 世纪 80 年代初的几年时间里，个人电脑行业竞争非常激烈。苹果公司 1977 年发布的 Apple Ⅱ电脑引领了个人电脑产业发展，但很快“蓝色巨人”IBM公司的个人电脑就追上来了。到了1983年，Apple Ⅱ电脑销量大约40万台，而IBM个人电脑及其同类产品销量高达130万台。因此，苹果公司在激烈的市场竞争中落后了。

为了对抗IBM公司，在乔布斯的亲自负责下，苹果公司在1984年年初的美国超级碗橄榄球总决赛中推出了《1984》这一名垂史册的广告。《1984》这个广告片以打破IBM对电脑行业的恐怖统治为主题，并宣布苹果公司即将发布全新的麦金塔电脑。麦金塔电脑由乔布斯亲自带领团队开发，其图形操作界面具有革命性创新，而当时IBM的个人电脑采用的是微软的DOS指令系统。1984年1月24日，乔布斯亲自发布了麦金塔电脑。这场发布会堪称完美，乔布斯之前多次排练，现场2000多人挤得水泄不通。这场发布会使得乔布斯的名气在当时如日中天。

然而，最初的热潮退去之后，麦金塔电脑尽管设计非常优美，但由于其成本高售价高，没有硬盘驱动器而只有软盘驱动器，没有风扇导致机箱过热，图形界面更耗费内存导致运行缓慢等诸多缺点，1984年下半年销量开始急剧下滑。

1985年，由于麦金塔电脑市场表现不佳，销量只有预测的10%，苹果公司出现很多混乱。此外，乔布斯的粗暴管理方式导致很多老员工离职。当时，苹果公司的联合创始人沃兹尼亚克也受不了乔布斯，决定离开苹果公司。而苹果公司的业绩不好也导致乔布斯和他请来的CEO斯卡利之间关系紧张。没想到，乔布斯在和斯卡利的斗争中竟然失败了，因为苹果公司整个董事会当时投票决定支持 CEO 斯卡利，而决定把乔布斯边缘化为没有实权的象征人物。乔布斯一怒之下离开了他亲手创立的苹果公司。这一年，他才 30 岁。

1985 年下半年，离开苹果公司的乔布斯卖掉了自己所有的 650 万股苹果股票，并把出售股票所得的大约 1 亿美元用于创立自己的新公司 NeXT，专门生产个人工作站电脑。1986 年，乔布斯在创立 NeXT 电脑公司的同时，还决定投资 1000 万美元收购卢卡斯影业的电脑动画部门，并以此成立皮克斯图像电脑公司。

在乔布斯离开苹果公司二次创业——创立 NeXT 和皮克斯的这段时间里，苹果公司也开始衰落。由于微软公司模仿苹果麦金塔操作系统推出的 Windows 操作系统逐渐霸占了个人电脑行业，麦金塔电脑销量不停下降。到 1996 年，苹果电脑在个人电脑行业的市场份额已经从 20 世纪 80 年代末的 16% 跌到 4%。这一年，苹果公司亏损高达 10 亿美元，股票价格从 1991 年的 70 美元暴跌到 14 美元。

1996 年 12 月，苹果公司以 4 亿美元的价格收购乔布斯的 NeXT 公司。乔布斯终于在离开苹果公司 11 年之后，以苹果公司顾问的身份再次回到苹果公司。1997 年 6 月，面临危机的苹果公司董事会决定邀请乔布斯担任临时 CEO。这时候，乔布斯提出非常强硬的要求——董事会全体辞职，否则他不干。由于苹果公司当时危机重重面临破产，董事会只好答应了乔布斯的要求。

1997 年 8 月，在乔布斯亲自负责之下，苹果公司推出了“非同凡想”（Think Different）的系列广告，从而把苹果定位为一个敢于创新和冒险、不墨守成规的品牌。苹果的广告使用爱因斯坦、甘地、爱迪生、马丁·路德·金等乔布斯自己崇拜的偶像。“非同凡想”系列广告和之前的《1984》广告一样，乔布斯把自己的反主流个性延伸到了苹果公司。这给苹果公司后来与微软之间的竞争带来了很大的优势。事实上，比尔·盖茨和乔布斯都是1955年出生，但两个人在消费者心里的感知确实非常不一样，大多数人觉得微软和比尔·盖茨非常保守和传统，而觉得苹果和乔布斯非常创新和前卫。

品牌定位好之后，下一步工作就是发布一系列创新的产品了。乔布斯开始亲自对苹果公司当时的产品线进行评估，并大刀阔斧地砍掉不同的产品和型号，很快他就砍掉了70%，并裁员3000多人。在那之后，乔布斯成功带领苹果公司推出了音乐播放器iPod、智能手机iPhone和平板电脑iPad等一系列变革时代的产品，最终引领苹果公司成为今天全球市值最高的公司之一。截至2025年5月31日，苹果公司市值已高达3万亿美元！

乔布斯长期高强度工作，健康出现了问题，2011年10月5日，乔布斯因癌症去世，年仅56岁，全球为之哀悼！或许是身患癌症的原因，几乎从不接受演讲邀请的乔布斯在2005年接受了斯坦福大学的邀请，在斯坦福大学的毕业典礼上做了一次演讲。当时，他对现场的学生讲了自己的3个人生故事：第一个故事是从里德学院退学的故事；第二个故事是自己被苹果公司解雇反而帮助自己成长的故事（可以说，乔布斯在 1985 年离开苹果之后的 10 年左右面临的挫折帮助乔布斯成长为一位真正的商业领袖）；而最后一个故事就是他得了癌症之后面临死亡的思考。乔布斯的斯坦福大学毕业演讲成为全世界所有大学毕业演讲中最震撼人心的案例之一。乔布斯的一生留给我们最宝贵的资产，或许就是他在斯坦福毕业典礼演讲中说到的那句话：求知若饥，虚心若愚。

让我们共勉！

本章小结

上面的研究实验和故事都让我们了解到，昏暗的光线为创造力提供了独特的创作氛围。当视觉的主导权被削弱时，大脑会主动填补空白，激发出更原始、更自由、更加不受约束的信息处理方式。

无论是诺贝尔文学奖得主莫里森在天微亮时写作，还是梵高在暗夜中的画室里创作，都在说明过度明亮的光线环境可能会导致思维固化，而适度的昏暗光线恰恰是灵感的温床，可以带来更多创造性的思维。

下一次，当你在白天遭遇创作瓶颈时，不妨尝试在夜幕下调暗灯光，因为在人类认知的奇妙法则里，有时主动走进昏暗，才能发现内心真正的光芒。

第九章

什么颜色有利于创造力？

明亮的颜色吸引注意力，而柔和的色调释放想象力。

——德国著名思想家与作家　歌德（Goethe）

普林斯顿高等研究院的蓝色湖水

在第二章里，我说到了爱因斯坦乱糟糟的办公室。由于爱因斯坦的办公室在他去世后已经被其他教授使用，我无法再见到他的办公室。不过，2025 年 4 月，就在写这本书的过程中，我还是专门去参观了爱因斯坦长期工作的地方——普林斯顿高等研究院。

普林斯顿高等研究院位于美国新泽西州的普林斯顿市，与著名的普林斯顿大学相邻。尽管普林斯顿高等研究院只有一幢小楼，但毫不夸张地说，它是全球最著名的理论研究机构，其学术研究水平足以傲视全球！在这里工作过的科学家中竟然有 33 人获得过诺贝尔奖。

普林斯顿高等研究院是一个纯理论研究的柏拉图式的学院。普林斯顿高等研究院不授予学位，所有成员都是获得过博士学位的研究人员。所有研究人员没有任何科研资金或者来自赞助商的压力。普林斯顿高等研究院和普林斯顿大学没有互属关系，但是二者有很深的渊源。普林斯顿高等研究院最早曾借用普林斯顿大学数学系的办公室，普林斯顿高等研究院的许多教授也同时兼职普林斯顿教授。

就在参观普林斯顿高等研究院的时候，我发现了普林斯顿高等研究院办公楼后面一个非常美的小湖，蓝色的湖面波光粼粼。据说这个湖是爱因斯坦的最爱，他几乎每天都来湖边散步和冥想——那种专注像在跟宇宙对话。就在这蓝色湖水的启发下，这位 20 世纪最伟大的物理学家完成了他对宇宙本质最深邃的思考。著名的“原子弹之父”奥本海默（Oppenheimer）也曾经在普林斯顿高等研究院工作并担任院长，好莱坞电影《奥本海默》也曾在这里取景拍摄，其中奥本海默和爱因斯坦在片尾的对话就是在这个湖边进行的。

爱因斯坦喜欢这个蓝色的小湖，据说是因为他特别喜欢蓝色，因此把自己的办公室粉刷成蓝色。爱因斯坦在给朋友的信中曾写道：“在柏林我是名人，在普林斯顿的蓝色房间里，我才真正成为思考宇宙的学生。”爱因斯坦的助手曾回忆，爱因斯坦喜欢蓝色是因为“它（蓝色）让我（爱因斯坦）想起阿尔卑斯的天空——那种无限延伸的自由感”，“深色会让思维沉重，而白色又太刺眼……蓝色刚刚好”。

20 世纪 50 年代的普林斯顿，当其他教授选择深色木质装饰布置办公室和书房时，爱因斯坦却执意将自己的思考空间粉刷成如晴朗天空般的蓝色。爱因斯坦的那间蓝色办公室，朝北的窗户洒落着均匀的光线，斑驳的黑板上布满潦草的公式，泛黄的计算草稿散落在蓝色墙面的背景下。这些在旁人眼中简陋的工作条件却能让爱因斯坦沉下心来思考。

在普林斯顿高等研究院的蓝色湖水旁边和蓝色办公室里，爱因斯坦用最基础的数学工具推导最宏大的理论，极端简朴的空间使得他专注思考那最纯粹的理论推演，相对论在他的头脑中如电影般上演，让他在 70 岁高龄时仍能挑战量子力学的理论基础。

“想象力比知识更重要”，这句广为人知的名言，或许正是爱因斯坦在普林斯顿高等研究院那片蓝色湖面或那间蓝色办公室里所领悟到的。在那里，蓝色激发了无边的想象，最简朴的环境孕育了最宏大的理论构想。

蓝色能提高创造力吗？

蓝色真的能够提高创造力？颜色对创造力究竟有什么影响？

在第七章里，我讲到了美国伊利诺伊大学香槟城分校的教授莱维·米塔和长江商学院的朱睿教授对声音与创造力关系的研究。朱睿教授在商学院任教之前，曾经长期在加拿大英属哥伦比亚大学任教，而莱维·米塔当时正在加拿大英属哥伦比亚大学攻读博士——

他是朱睿教授的博士生。在加拿大英属哥伦比亚大学期间，他们曾经对颜色与创造力的关系进行了深入研究，并将研究成果发表在全球最顶尖的学术期刊之一——《科学》杂志上。接下来，让我们一起来看看这个有趣的研究。

首先，神经科学领域曾有研究显示，蓝色环境会降低血压和心率，减少焦虑，同时激活前额叶皮层，而前额叶皮层正是人脑中控制理性思考的区域。在习得性联想（learned associations）这一理论中也提到，蓝色常与开放、和平（例如天空、海洋）等正面概念相关联，蓝色会激活进取动机，鼓励探索和创新，从而增强创造性，产生更多创意和联想；相反，红色常与危险、错误等负面概念相关联，如红笔批改、红灯和停止标志，红色会激活预防动机，使人更加警觉和谨慎，从而增强细节导向任务（例如记忆和校对）的完成。

基于习得性联想这一理论，莱维·米塔和朱睿教授做出了一个理论假设：蓝色可以提高人们在创新导向上的任务表现，即蓝色会提高人们的创造力，而红色则会提高人们在细节导向上的任务表现。

为了验证这一假设，莱维·米塔和朱睿教授做了一系列实验。在其中一个实验里，208 名参与者被随机分为 2 组：红色背景组和蓝色背景组。聪明的你是否已经看出来了？被试是在电脑屏幕前参加实验的，因此电脑屏幕背景的颜色就是这个实验的自变量。

这个实验的因变量有两个，分别是细节导向任务的表现和创新导向任务的表现。在细节导向任务中，所有参与者被要求在 2 分钟内学习 36 个单词，然后在 20 分钟的休息之后，所有参与者被要求尽可能多地回忆并写出这些单词。在创新导向任务中，所有参与者被要求在 1 分钟内写出尽可能多的砖块创新用途。

最后，让我们来看一下实验结果。首先，红色背景下的参与者在细节导向的单词回忆任务中平均可以正确回忆出 15.89 个单词，而蓝色背景下的参与者在细节导向的单词回忆任务中平均可以正确回忆出 12.31 个单词，二者的差异在统计上是显著的。其次，蓝色背景下的参与者在创新导向的砖块用途任务中平均创造力得分为 3.97，而红色背景下的参与者在创新导向的砖块用途任务中平均创造力得分为 3.39，二者的差异在统计上也是显著的。

这个实验说明，蓝色确实可以提高人们的创造力，而红色可以提高人们在细节导向任务上的表现。一个自然而然的问题出现了：为什么蓝色可以提高人们的创造力？真的是因为习得性联想？如前面所说，蓝色常与开放、和平（例如天空、海洋）等正面概念相关联，蓝色会激活进取动机，鼓励探索和创新，从而增强创造性，产生更多创意和联想；相反，红色常与危险、错误等负面概念相关联，如红笔批改、红灯和停止标志，红色会激活避免动机，使人更加警觉和谨慎，从而增强细节导向任务，例如记忆和校对的完成。那么，动机是不是背后的机制呢？

进取动机与避免动机

为了研究蓝色提高创造力背后的机制是不是进取动机，以及红色提高人们在细节导向任务上的表现背后的机制是不是避免动机，莱维·米塔和朱睿教授又做了一个实验。

在这个实验里，118 名参与者被随机分为 2 组：红色背景组和蓝色背景组。与之前的实验类似，被试是在电脑屏幕前参加实验的，因此电脑屏幕背景的颜色就是这个实验的自变量。

这个实验的因变量也有两个，分别是细节导向任务的表现和创新导向任务的表现。在细节导向任务中，所有参与者被要求在 5 对英文段落之间进行校对，以判断每一对英文段落是否完全相同。对于英文段落来说，有些时候稍微改动一个字母，人们是很难发现不同的，因此这个任务是细节导向上的任务，考察的是人的细心程度。在创新导向任务中，所有参与者被要求完成一系列 RAT 题。

为了测试进取动机和避免动机是不是内在的机制，每个参与者还被要求回答关于动机的三个问题，这些问题询问他们在回答问题时更加关心的是回答问题的准确度还是速度。如果被试更关心准确度，那就是有比较强的避免错误的动机；相反，如果被试更关心速度，那就是有比较强的进取动机。

最后，让我们一起来看看实验结果。首先，红色背景下的参与者在细节导向的校对任务中平均可以正确回答出 4.33 道题，而蓝色背景下的参与者在细节导向的校对任务中平均可以正确回答出 3.53 个单词，二者的差异在统计上是显著的。其次，蓝色背景下的参与者在创新导向的 RAT 任务中平均可以正确回答出 4.0 道题，而红色背景下的参与者在创新导向的砖块用途任务中平均创造力得分为 3.45，二者的差异在统计上也是显著的。因此，这个实验再次说明蓝色确实可以提高人们的创造力，而红色可以提高人们在细节导向任务上的表现。

其次，把进取动机和避免动机作为中介变量进行中介效应分析，实验结果也发现了显著的中介效应，即进取动机是蓝色提高创造力的背后机制，而避免动机则是红色提高人们在细节导向任务上表现的背后机制。

进取动机和避免动机其实是人类非常基本的两种动机。20 世纪八九十年代，美国著名心理学家、哥伦比亚大学教授 E. 托里 · 希金斯（E. Tory Higgins）第一次提出了调节聚焦理论（Regulatory Focus Theory）。2000—2005 年，我在哥伦比亚大学攻读博士时，还上过 E. 托里 · 希金斯的课。E. 托里 · 希金斯教授的调节聚焦理论认为，进取动机（promotion focus）和避免动机（prevention focus）不但可以是一种状态，也可以是一个人格差异。例如，有些人天生害怕犯错误，他们往往就是避免动机比较强的人；相反，有些人天生喜欢冒风险，他们往往就是进取动机比较强的人。同一个人也可以在有些时候进取动机比较强，在有些时候避免动机比较强，即状态不同。

因此，结合莱维·米塔和朱睿教授的颜色与创造力实验，以及E. 托里·希金斯教授的调节聚焦理论，我们不难获得这样的启发：作为一名家长，如果你希望孩子有创造力，那么你一定要鼓励他敢于进取和冒险，不要太纠结于孩子犯的各种小错误。今天，人工智能的快速发展已经让很多细节导向的工作消失了，而创造力则是人工智能所无法替代的一种能力，因此家长一定要重视培养孩子的进取动机。

以中美两国的文化差别为例。在中国，如果孩子跌倒，往往父母都赶紧抱起孩子，心疼得不得了。然而，在美国，如果孩子跌倒，往往父母都鼓励孩子自己爬起来。这样一种文化上的区别，就会导致孩子在成长过程中对风险拥有不同的态度。总体来说，美国文化更鼓励冒险，而中国文化则不鼓励冒险。这也是美国在创新这个维度上领先中国的原因之一。

知道了这一点之后，中国父母在培养孩子时不但要鼓励他们在日常生活中勇于进取和冒险，甚至在职业选择上也要鼓励孩子勇于进取和冒险。遗憾的是，今天越来越多的家长鼓励孩子考公考编进体制内，而不是鼓励他们创业成为企业家。如果这样的趋势持续下去，中国的经济活力和创新能力就不可能得到很好地提升。

玩具实验

在莱维·米塔和朱睿教授的前两个实验中，他们用了两个不同的任务来分别测量创新导向任务（创造力）的表现和细节导向任务的表现。在这个实验中，他们采用了一个玩具任务同时测量创造力和细节导向任务的表现，因此我们把这个实验称为“玩具实验”。

“玩具实验”的参与者是 42 个大学生，他们被随机分配到两个不同的小组：红色组和蓝色组。两组学生在实验中用到的任务材料为设计玩具的零件，红色组全部是红色的零件材料，蓝色组全部是蓝色的零件材料，其他条件均保持一致。这一点也和之前的两个实验不同。在之前的两个实验中，颜色是通过电脑屏幕背景的颜色来操纵的；而在这个玩具实验中，颜色是通过玩具零件材料本身的颜色来操纵的。

那么，究竟如何通过一个玩具任务同时测量参与者的创造力与细节导向任务的表现？首先，每个参与者都被要求从 20 个不同形状的零件中任选 5 个，然后在 15 分钟内设计一款适合 5～11 岁儿童的玩具，在纸上绘制玩具草图并简要描述功能。其次，在参与者完成设计后，每位参与者的设计草图都被复印转换为黑白色的设计草图，以防止颜色对评委打分产生干扰。最后，这些黑白设计草图被交给 12 名独立的打分员分别从原创性（创造力）和实用性（细节）两个维度进行评审打分。

现在让我们一起来看看实验结果。实验结果显示：首先，红色组被试的实用性评分均值为 3.47 分，高于蓝色组被试的实用性评分均值（2.95 分），两者的差异在统计上是显著的。其次，红色组被试的原创性评分均值为 2.94 分，低于蓝色组被试的原创性评分均值（3.37 分），两者的差异在统计上也是显著的。因此，从实验结果中我们不难发现，蓝色组的原创性评分高于红色组，而红色组的实用性评分高于蓝色组。“玩具实验”的结果进一步验证了莱维·米塔和朱睿教授的假设，即红色促使参与者更加关注细节，而蓝色促使参与者更加追求创新。

克莱因蓝

对于克莱因蓝，想必大家都不陌生，现在很多衣服喜欢用这种颜色。那么大家知道这种颜色为什么叫克莱因蓝吗？它是怎么发明出来的呢？让我们一起来看看。

克莱因蓝（International Klein Blue，IKB）是由法国艺术家伊夫·克莱因（Yves Klein）在1960年创造并注册专利的一种标志性蓝色。伊夫·克莱因出生于法国尼斯，成长于一个艺术氛围浓厚的家庭，其父母均为画家，从小就对蓝色非常痴迷，他在日记中曾写道："蓝色是超越维度的颜色，是宇宙最本质的色调。"

伊夫·克莱因从20世纪50年代初开始尝试单色绘画。1955年，他在巴黎颜料商爱德华·亚当的帮助下，将油画颜料与一种新型合成树脂混合，经过80多次实验，最终研制出了一种独特的蓝色——克莱因蓝。

1956年，伊夫·克莱因在米兰画展上首次展出这种独特的蓝画，一经展出就引起巨大轰动。1957年，他在米兰的阿波利纳广场画廊举办了一场前所未有的展览。在空旷的画廊中，伊夫·克莱因展示了11幅几乎完全相同的蓝色单色画作，它们被用特殊的悬挂方法展示在展厅中。这场展览挑战了传统艺术的边界，强调色彩的纯粹性，克莱因蓝也成为伊夫·克莱因打开创造力大门的钥匙。

1958年，伊夫·克莱因在巴黎艾瑞斯·科勒尔画廊举办了一场名为《虚空（Le Vide）》的展览，他将画廊展厅完全腾空，墙壁和地板被刷成纯白色，观众通过蓝色幕布进入展厅，闭上眼睛穿过走道，然后睁开眼睛面对一片空白的空间。这场展览开幕当天就有3000人排队，希望进入其中体验纯粹的精神蓝色。法国著名作家、哲学家阿尔贝·加缪在参观这场展览后写下名句："唯其空无，最有力量。"

克莱因蓝已经不仅仅是一种颜色，更是无限、自由、虚无的哲学象征。它启发了很多现代艺术、家具设计和时尚等领域的创新。2007 年，为了纪念伊夫·克莱因诞辰 80 周年，各大奢侈品牌还在卢浮宫举办了“克莱因蓝诞生 50 周年回顾展”，在这次展览中，各大品牌推出了各自的克莱因蓝单品，以纪念这位伟大的艺术家。

马斯克：从南非的怪僻少年，到创新天才和世界首富

马斯克（Musk）是今天全球影响力最大的企业家，没有“之一”：他领导下的多家企业，如 SpaceX 和特斯拉，都做出了改变世界的伟大发明，推动了世界技术的进步，为人类的生存和发展做出了卓越的贡献。马斯克本人也获得了商业上的巨大成功——截至 2024 年 12 月 16 日，据彭博亿万富翁指数，马斯克以 4550 亿美元的身家位居世界首富。

1971 年马斯克出生在南非。马斯克的母亲梅耶是一名营养师，她非常漂亮，经常参加走秀并给杂志做模特，还曾经入围“南非小姐”的决赛。马斯克的父亲埃罗尔是一名机械和电气工程师，其家族在南非有着很深的根基。由于家庭背景不错，马斯克从小在家里

就有很多书供他阅读，父亲还愿意在计算机和其他一些马斯克喜欢的事情上花钱。然而，马斯克 8 岁的时候，由于父母离婚，幸福的家庭就此破裂了。用马斯克自己的话说，他的童年非常悲惨，绝对不是一个快乐的童年。这也可能是马斯克长大后性格比较怪异的原因。

马斯克很小的时候就表现出跟其他孩子不同的特质。他很容易发呆，别人跟他说话他也没有反应。马斯克的父母和医生都误以为他耳聋，医生甚至还摘除了他的扁桃体，说这样做可以增强他的听力。马斯克小时候酷爱读书，几乎书不离手，每天读 10 个小时的书是家常便饭。周末的时候，马斯克可以一天读完两本书。全家人出去购物的时候，马斯克经常独自一人跑到附近的书店看书。上学以后，每天下午 2 点放学，马斯克都会自己跑到书店，一直读到父母下班去接他。三、四年级的时候，马斯克已经把学校图书馆里面的书都读完了。后来，马斯克开始读《大英百科全书》，把百科全书的内容都读得烂熟于心。

1980 年，快 10 岁的马斯克第一次看到了计算机，他立刻缠着父亲让父亲给他买计算机。当时在南非，大多数人还不知道计算机是什么，马斯克却已经迷上了计算机。他花了三天三夜就学完了本来需要六个月才能学完的 BASIC 编程。1984 年，马斯克的名字第一次在媒体上出现，当时他才 12 岁。他编写的一款游戏源代码发表在南非一家当地报纸上。这款游戏为马斯克赚了 500 美元，在当时这笔钱不是个小数目。

中学时期的马斯克数学成绩优异，记忆力惊人。他喜欢阅读科幻小说，所以偏好学习技术类学科。当时马斯克曾把自制的火箭模型带到学校，并在课间休息的时候点火发射火箭模型。在科学课的一次辩论上，马斯克还反对使用矿物燃料并支持使用太阳能。要知道，非洲是一个矿产非常丰富的地方，但那时候的马斯克就开始对太阳能感兴趣了。然而，马斯克并非班级里的尖子生，因为他对一些必修科目不感兴趣。用马斯克自己的话来说，他对自己感兴趣的科目如物理和计算机就会努力学习并取得 A 的好成绩，但对不感兴趣的必修科目则宁愿玩计算机游戏、写代码和读书，也不愿意去获得那些没有意义的 A。

少年时期对于计算机和科技的兴趣让马斯克对硅谷非常向往，他坚信美国是能够帮助他实现梦想的地方。高中毕业后，马斯克决心离开南非，前往美国。因为从加拿大去美国比从南非去美国更容易，而且马斯克的母亲梅耶是加拿大人，法律允许马斯克继承母亲梅耶的加拿大国籍，因此 17 岁的马斯克在获得加拿大护照后立刻买了机票去加拿大。而这一去，马斯克就再也没有回到南非的家。

到加拿大的第一年，马斯克一直在打零工，他先在一位表兄的农场里种植蔬菜和打扫粮仓。马斯克做过的最辛苦的一份工作是锅炉工，在锅炉旁待 30 分钟，就有可能被热死。最初和马斯克一起工作的有 30 个人，到第三天就剩下 5 个了，一周后只剩下马斯克和另外两个同事。

1989 年，马斯克 18 岁的时候，他的母亲、弟弟和妹妹也成功到了加拿大，一家人终于团聚了。马斯克也在这一年入读位于加拿大安大略省的皇后大学。大学时代的马斯克雄心勃勃，除了学好本专业的课程，还去学习商学课程，参加演讲比赛，对能源、太空和其他感兴趣的领域经常发表独到的见解。凭借优异的学习成绩，在皇后大学就读第二年——1992 年，马斯克转学到了美国的常春藤名校宾夕法尼亚大学，因为他觉得这所常春藤名校能给他带来更多的机会。

马斯克在宾夕法尼亚大学主修了双学位——物理学学位和沃顿商学院的经济学学位。他在宾夕法尼亚大学如鱼得水，认识了很多志同道合的朋友。马斯克对太阳能和新能源领域的探索也始于宾夕法尼亚大学，他写了很多篇研究太阳能电池、超级电容器等能源存储新方式的论文。值得一提的是，马斯克在大学时期就认定，互联网、可再生能源和太空探索这三个领域能够改变世界，他渴望自己在这些领域有所作为。马斯克后来的创业经历也确实在这些领域展开，他一直在坚定地追逐自己的梦想。

在宾夕法尼亚大学读书时，一到暑假，马斯克就到硅谷的公司实习。他白天在品尼高研究所实习，主要接触的是超级电容器；晚上到火箭科学游戏公司做游戏编程。在硅谷的实习经历让马斯克发现这里遍地都是机会，能实现他的抱负。从宾夕法尼亚大学毕业后，马斯克就定居硅谷。马斯克本来打算在斯坦福大学攻读物理学博士学位，但因为无法抗拒互联网行业的诱惑，读了两天就退学创业了。

1995 年，受到雅虎网站和网景浏览器的启发，马斯克和弟弟金巴尔一起创办了 Global Link 信息网站，后来更名为 Zip2。Zip2 其实就是互联网黄页，为企业创建搜索目录，并生成相应的地图。马斯克兄弟花光当时所有积蓄在硅谷租了一间公寓大小的办公室。他们住在办公室里，三餐都在快餐店解决，洗澡就去基督教青年会解决。马斯克连床都没有买，就睡在办公桌旁边的睡袋里。他要求每天早晨最早到公司的员工叫醒他，以便他继续开始新的一天的工作。

1999 年，康柏电脑公司以 3.07 亿美元收购了 Zip2，马斯克获得了 2200 万美元。从 17 岁时一个人背包去北美，不到 10 年时间，年仅 27 岁的马斯克就成为拥有千万美元的富翁。

1999 年 3 月，马斯克成立了互联网金融公司 X.com。马斯克创立 X.com 的目标是要创办一家互联网银行，以替代传统的线下银行。1999 年 11 月，X.com 获得了银行牌照和共同基金牌照，成为世界上第一家互联网银行。2000 年 3 月，马斯克的 X.com 和彼得 • 蒂尔（Peter Thiel）创办的 Confinity 公司合并。2001 年 6 月，彼得 · 蒂尔将合并后的新公司更名为 PayPal。2002 年，PayPal 在纳斯达克上市，并于同年 7 月被 eBay 以 15 亿美元收购。作为 PayPal 最大的股东，马斯克从这笔交易中净赚了 2.5 亿美元，交完税后还有 1.8 亿美元。

离开 PayPal 之后，马斯克开始思考少年时关于火箭飞船和太空旅行的梦想，他认为这是比互联网更伟大的使命。2001 年，马斯克搬到了洛杉矶，因为在这里能接触太空行业，而马斯克的梦想就是要让人类在未来可以移民火星。

要去火星，就需要火箭。俄罗斯是火箭发射领域的领先国家，同时成本较低，于是马斯克和好友在 2001 年 10 月乘飞机到俄罗斯去买火箭。4 个月的时间里，他们和俄罗斯人碰头了三次，俄罗斯人因为马斯克不断讨价还价，就对他百般嘲讽。这番羞辱惹怒了马斯克，他愤然离开，决心自己造火箭。在回洛杉矶的飞机上，马斯克详细列明了建造、装配和发射一枚火箭的成本，经过计算他发现自己造火箭比买火箭更便宜。

2002 年 6 月，马斯克在洛杉矶的一间旧仓库成立了太空探索技术公司 SpaceX。SpaceX 的目标是成为“太空行业的西南航空公司”，制造质量更好、价格更低廉的火箭推动器。

马斯克这次创业的风险极大。尽管马斯克当时已是亿万美元富翁，但他从 PayPal 被收购的交易中也只获得了大约 2 亿美元，而对于一次火箭发射就要花费至少几千万美元甚至上亿美元的航天业来说，这点钱确实太少。不过，马斯克信心满满地创立了 SpaceX。

马斯克将 SpaceX 的第一枚火箭命名为“猎鹰 1 号”。他为“猎鹰 1 号”的研发工作设置了近乎疯狂的时间表，要求在 2003 年 5 月和 6 月就造出第一台和第二台火箭推进器，7 月完成机身生产，8 月完成总装测试，9 月准备好发射台，11 月进行发射。也就是说，马斯克要求在 SpaceX 成立一年左右的时间里就造好火箭推进器，并在 SpaceX 成立一年半的时间里成功进行发射。

然而，马斯克严重低估了造火箭的难度。由于原料采购出了问题，以及一次又一次的发动机测试，直到 2006 年，SpaceX 才真正造出了“猎鹰 1 号”火箭。接下来，“猎鹰 1 号”的发射也不顺利。2006 —2008 年，“猎鹰 1 号”一共进行了三次发射，但都失败了。这三次发射失败让马斯克几乎花光了所有资产。在巨大的压力之下，马斯克的精神也处在了崩溃的边缘，几乎夜夜从梦中惊醒，但依旧没有放弃。马斯克抵押了他所有的资产，公司员工也全部进行了集资，终于凑齐了又一次发射费用。

2008 年 9 月 28 日，“猎鹰 1 号”再次矗立在发射台上，对于 SpaceX 来说，这是背水一战。而且，这一次发射马斯克选择了全球直播。终于，世界上第一枚私人建造的火箭发射成功。SpaceX 团队大约 500 人用了 6 年时间终于创造了现代科学和商业的奇迹，这比马斯克的原计划晚了四年半。

发射成功之后，SpaceX 一年一个台阶，逐渐成为世界上最具实力的私人太空公司。2010 年 12 月，“猎鹰 9 号”运载“龙飞船”进入太空，并成功回收降落至海面。SpaceX 是第一家研发出航天飞船的私人公司，也是第一家运载飞船进入太空的商业公司。2012 年 5 月，SpaceX 又完成了一个壮举，成为第一个完成国际空间站对接的私人企业。2015 年 12 月，SpaceX“猎鹰 9 号”一级火箭在发射后成功返回陆地，这是人类历史上第一次掌握火箭可回收技术。可以说，SpaceX 已经由当初的一家初创小企业成长为全球航天和太空行业实力最强的巨头，达成了许多国家航天机构都未曾达成的成就。

创立 SpaceX 并不是马斯克唯一的成功案例，真正让全世界更多人认识马斯克的是“特斯拉”这家电动汽车公司。2003 年，马丁·艾伯哈德（Martin Eberhard）和马克·塔彭宁（Marc Tarpenning）组建了特斯拉公司，取特斯拉这个名字是为了纪念伟大的发明家和电动机先驱尼古拉·特斯拉。2004 年 1 月，特斯拉公司开始寻找风险投资，结果他们找到了马斯克，双方一拍即合，马斯克投资入股特斯拉并成为特斯拉最大的股东和董事长。

2005 年 1 月 27 日，18 位工程师历经 4 个月造出了特斯拉的第一款车——Roadster 跑车的原型车。马斯克看到车之后非常兴奋，决心继续投资这个项目，准备在 2006 年批量生产 Roadster 跑车。然而，与马斯克最初低估了 SpaceX 火箭发射的难度一样，马斯克也低估了特斯拉量产之路的艰辛。量产的过程中，特斯拉遇到的变速系统问题、供应商不作为问题、高到离谱的生产成本等一系列问题，这些问题差点让特斯拉走上破产的边缘。以成本问题为例，特斯拉将零部件生产外包给世界各国的生产商，原本期望这样可以降低成本，最终结果却是成本非但没有降低，反而大幅增加。一辆Roadster跑车的成本最后测算下来高达20万美元，而售价却只有8.5万美元，可谓严重低估了量产的成本。

进入2008年，特斯拉内外交困，公司的钱已经花光了——Roadster跑车的研发成本耗资1.4亿美元，远远超过当初的2500万美元预算。而2008年，全球暴发金融危机，众多大型汽车制造商也在危机中濒临破产，没有投资公司愿意投资一家汽车公司，更何况是电动汽车公司。马斯克四处融资屡屡受挫。同时，SpaceX也接连遭遇发射失败。马斯克剩下的钱只能救一家公司；如果把资金分给两家公司，可能两家都活不下来。

没有人相信马斯克能挺过经济寒冬。但马斯克仍然没有放弃，他决定孤注一掷，保全两家公司。幸运的是，2009年，特斯拉凭借卓越的电池技术获得了戴姆勒公司的投资——戴姆勒公司以5000万美元的价格收购了10%的特斯拉股份。之后，丰田公司也以5000万美元的价格收购了特斯拉2.5%的股份。同时，美国政府也为特斯拉提供了4.65亿美元的贷款。有了资金之后，马斯克开始大展拳脚。2009年，特斯拉发布Model S，其以超快的速度和超长的续航能力彻底颠覆了人们对电动车的认知。2010年6月，特斯拉上市，这是继1956年福特公司上市以来第一家上市的美国汽车公司。特斯拉股价于上市当天上升了41%，为特斯拉筹得了2.26亿美元。

之后，特斯拉于2015年、2016年和2019年分别推出了高端豪华跨界 SUV Model X，入门级豪华轿跑车 Model 3，以及入门级的豪华跨界 SUV Model Y，都取得了极大的成功。特别是 Model 3 和 Model Y，以低于 4 万美元的售价获得了大量消费者的欢迎。2024 年，特斯拉全球销售了近 180 万辆电动汽车。

如今，特斯拉已经成为电动汽车行业的王者。马斯克仅用了十几年的时间就颠覆了汽车这个百年行业。截至 2025 年 5 月 31 日，特斯拉的市值高达 1.1 万亿美元，市值排名全球第八位！

火箭、电动汽车、星链……马斯克已经实现了很多疯狂的想法，而他还有很多未实现的疯狂想法——超级高铁、脑机接口、火星移民……这些疯狂的想法在今天确实超出大多数人的想象。但是，这至少帮助我们了解马斯克为什么那么努力工作和尝试各种不可能。例如，对于移民火星计划，马斯克的终极目标是帮助人类成为跨星球物种和开创太空文明，以确保在发生巨大的灾难时人类文明能够得以延续。

马斯克的梦想不止，传奇继续。

本章小结

从爱因斯坦的蓝色办公室，到伊夫·克莱因失败 80 多次才最终调配出的克莱因蓝，乃至莱维·米塔和朱睿教授发表在《科学》杂志上的多个实验，都说明蓝色能以独特的方式提高创造力。

或许，这正是许多科学家、文学家和艺术家喜欢天空和大海的原因之一，因为它们都是蓝色的。当他们站在海边望着蓝色的海水，或是抬头看着蓝色的天空，他们的内心就会获得更多的平静，思想上也会获得更多的自由。蓝色像一扇门，推开它，你就能看到一个更开阔的、更具想象力的新世界。科学家在它的陪伴下思考难题，画家用它来表达情感，设计师靠它找到灵感……下一次，当你感到灵感枯竭时，不妨抬头看看蓝天，或者去看看蓝色的海水或湖水，也许它们能帮你找到新的灵感。

第十章

创造力像一株野草

你不能用闹钟设定创造力——它像风一样，想来就来，想走就走。

——美国黑人作家与诗人　玛雅 · 安杰卢（Maya Angelou）

拼贴画创作实验

在第一章里我们说过，美国心理学家、哈佛商学院教授特瑞莎·阿玛拜尔是创造力研究领域的大师级人物之一。传统创造力研究大多聚焦于人格特质和认知能力，而社会和环境因素对创造力的影响长期被大家忽视。而正是由于特瑞莎·阿玛拜尔教授的倡导，学术界后来逐渐重视对影响创造力的社会和环境因素进行研究。

早在 1979 年，特瑞莎·阿玛拜尔教授就设计了一个看似简单却影响深远的拼贴画创作实验，实验目的是研究一个问题：当人们知道自己的作品将被评判时，他们的创造力会发生什么变化？

这个拼贴画创作实验的被试是 95 个斯坦福大学非艺术专业的女大学生。招募非艺术专业主要是为了排除艺术背景导致的个体差异对实验结果的影响。她们被随机分为 2 个组：无评价组与评价组。在无评价组，每个参与者都被告知她可以自由创作，这个创作只是另一项研究的辅助任务，并且强调她的作品不会被评判；在评价组，每个参与者都被告知她的作品将由艺术专家评判创造力水平。

拼贴画创作实验的因变量就是每位参与者在拼贴画创作任务上的创造力水平。参与者都被带进一个安静的房间，房间里的桌子上摆放着彩色纸张、布料碎片、胶水和剪刀。实验的任务非常简单，就是要求每个参与者在 30 分钟内用房间里提供的材料创作一幅拼贴画，拼贴画的主题是“表现傻气感”（如孩子傻笑时的感觉）。

在所有参与者完成创作后，所有拼贴画被匿名编号，并由 15 位专业艺术家进行评分。每位评委均拥有至少 5 年的艺术经验，如绘画、素描或设计的创作经验，其中大部分为斯坦福大学艺术系的在读研究生。每位评委都要按照 16 个艺术维度进行评分，这 16 个维度包括意义表达、具象程度、滑稽感、细节处理、对称程度、规划显性、创意新颖性、画面平衡、材料运用新颖性、形状变化、投入显性、复杂程度、工整度、整体布局、创造力和技术完成度。

在这 16 个评估维度中，与创造力相关的指标主要是材料运用新颖性、创意新颖性、投入显性、形状变化、细节处理和复杂程度这六个维度。通过整合这六个创造力维度的标准化评分，特瑞莎·阿玛拜尔教授构建了综合创造力指标。

实验结果显示：无评价组被试的拼贴画创造力平均得分明显更高，这一组的作品大多令人眼前一亮；相反，评价组的拼贴画创造力平均得分明显更低，所有的作品都像应付差事的作业一样令人乏味。这说明当人们知道自己的作品将被评判时，他们的创造力会受到严重的负面影响。

这个现象背后的原因是什么呢？特瑞莎·阿玛拜尔教授认为，当我们告知参与者他们的作品要被评判时，参与者大脑里思考的目标从“探索可能性”转向“规避风险”，当创作变成“考试”，自发的愉悦感也就在“考试”过程中消失了。正如一名评估组的实验参与者说的那样：“本来觉得好玩，但后来只想快点完事。”

特瑞莎·阿玛拜尔教授的拼贴画创作实验告诉我们，外在评价会降低人们的创造力。而外在评价是人们的外在动机之一。事实上，大多数人有这样的经验，那就是如果我们做一件事情是为了外在动机而不是内在动机，那么效果往往不会太好。例如，一个员工如果只是为了赚工资，他的工作并不会特别努力，在没有老板布置任务的时候就会“摸鱼”；相反，如果一个员工特别热爱他的工作，他就会主动工作，甚至主动加班加点，而不是消极等待老板布置任务。

这一实验也从侧面证明了，创造力并非完全依赖天赋，而是极易被环境塑造。

创造力像一株野草，在自由的阳光下生长，在评价的人造光线下枯萎。

水罐实验：越想获得奖励，反而越容易失败

关于外在动机对创造力的负面影响，还有一个著名的水罐实验。1979 年，美国心理学家肯尼斯·麦格劳（Kenneth O. McGraw）和约翰·麦卡勒斯（John C. McCullers）设计了一项精巧的水罐实验来探索一个问题：为什么有时候越想获得奖励，反而越容易失败？

水罐实验的参与者是 79 个美国奥克拉哈马大学的学生，他们被随机分为两组，每组 36 人：一组是有奖励组，即参与实验的学生被告知当他们成功完成任务后可以得到现金奖励，而且速度越快奖金越高；另一组为无奖励组，他们仅仅被告知需要尽力解决问题。他们的实验任务是解决 10 个水罐问题。每个水罐问题都给出 A、B、C 三个标有不同容量刻度的水罐，并要求参与者用这几个不同容量的水罐得出要求的容量。例如，在其中一个水罐问题中，A 罐的容积为 21 毫升，B 罐的容积为 127 毫升，C 罐的容积为 3 毫升。参与者被要求利用这三个容器量出恰好 100 毫升水。聪明的你是否已经想出答案了？这个水罐题的答案是 100=127−21−2×3，也就是 B−A−2C 恰好等于 100 毫升。

有意思的是，在每个参与者都需要解答的这 10 道水罐问题中，

前面的 9 道水罐问题都是同样的规律，即都可以用 B−A−2C 得出答案。例如，在另外一道水罐题里，A 罐的容积为 5 毫升，B 罐的容积为 21 毫升，C 罐的容积为 3 毫升，参与者需要利用这三个容器量出恰好 10 毫升水。聪明的你是否已经想出答案了？这个水罐题的答案是 10=21−5−2×3，也就是 B−A−2C 恰好等于 10 毫升。因此，B−A−2C 也是前 9 道水罐问题的共同标准解决方法。

肯尼斯·麦格劳和约翰·麦卡勒斯两位教授之所以这么设计实验，目的是让被试形成“B−A−2C”的解题习惯和固定思维。事实上，这 10 道水罐问题里的最后一个问题才是这个实验的真正核心问题。第 10 道水罐问题无法用 B−A−2C 解决，而必须采用更简单的 A−C 方法来解决。第 10 道水罐问题具体如下：在桌上摆放着 A、B、C 三个标有不同容量刻度的水罐，A 罐的容积为 23 毫升，B 罐的容积为 49 毫升，C 罐的容积为 3 毫升，目标水量为 20 毫升水。显然，这道题的正确解决方法就是 A−C，但是由于很多被试在前 9 道题中习惯了采用 B−A−2C 的标准解决方法，因此他们在面对第 10 题时也会习惯性地采用相同方法。

那么，这个水罐实验的因变量究竟是什么呢？肯尼斯·麦格劳和约翰·麦卡勒斯两位教授记录了每个参与者解决每道题的时间。需要指出的是，参与者回答错误之后，他们可以重新解答直至找到正确答案。聪明的你是否已经看出来了？参与者们解决每道题的时间就是这个实验的因变量。

实验结果显示：在前 9 道水罐问题中，两组学生所使用的平均时间基本相同；然而，在最后一个水罐问题的回答过程中，非奖励组的平均解决时间为 3 分 1 秒，而奖励组的平均解决时间是 4 分 49 秒，这个差异在统计上是显著的。显然，奖励组的被试更难突破原有的解题模式，表现出了更强的“认知僵化”。

水罐实验的结果是不是非常令人震惊？当我们做一件事情是为了外在动机而不是内在动机，效果往往反而不会太好。当人们被告知成功完成任务会得到奖励的时候，往往会导致他们太急于完成任务而认知窄化，大脑仅聚焦在常规的熟悉的路径上，缺少发散思维，他们宁可重复采用安全的老方法，也不敢冒险尝试新思路。换句话说，尽管奖励会让人们在主观上觉得他们必须更快更好地完成任务，他们的实际表现却往往相反。

你以为自己在追逐成功，后来才发现——真正的失败，就是太害怕失败。

如何提高组织创新？

在今天的中国，创新已经是国家战略。那么，究竟如何提高组织创新？特瑞莎·阿玛拜尔教授是哈佛商学院组织行为学教授，因此她研究创造力的着眼点之一就是如何提高组织创新。

1987 年，特瑞莎·阿玛拜尔教授和团队在不同组织中展开访谈调查，受访者包括 120 名来自 20 多个不同组织的研发科学家，16 名来自美国某银行的市场与发展部门的员工，以及 25 名来自铁路公司市场销售部门的员工。特瑞莎·阿玛拜尔教授向这三组受访者提出的问题都是一样的，即描述其工作经历中一个表现出高水平创造力的例子和一个表现出低水平创造力的例子。访谈结束后，特瑞莎·阿玛拜尔教授和团队对访谈内容进行了分析，例如“什么样的环境因素可以促进或阻碍创造力”。最后，特瑞莎·阿玛拜尔教授就访谈内容归纳出了促进或者阻碍创造力的九个环境因素，按照被提到的频率从高到低分别是：自由、良好的项目管理、足够的资源、鼓励、不同的组织特点、赞赏、足够的时间、挑战以及压力。相反，阻碍创造力的环境因素也有九个，按照被提到的频率从高到低分别是：不同的组织特点、约束、组织的漠视、评价、资源不足、时间、压力、过于强调维持现状以及竞争。

20 世纪 90 年代后期，特瑞莎·阿玛拜尔教授和团队从三个不同的行业中选择了 7 家公司，并从其中选择了目前正进行创造力项目的 26 个项目小组的 238 位员工。在三年时间里，他们每天通过电子邮件向这 238 名员工寄一封需填写的“日记”。该“日记”要求员工对关于情绪、内外部动机以及工作环境等因素进行打分，还要求回答一个开放性的问题，即简要地描述当天印象深刻的一件事情。最终，特瑞莎·阿玛拜尔教授和团队一共收集到 12000 篇日记，并对内容进行了分析。除此之外，特瑞莎·阿玛拜尔教授还让这些员工的同事及上司对其在项目上的表现进行创造力评分。

分析结果表明，员工工作时的心情和他们的创造力表现显著相关。员工在心情好的日子里提出创造性想法的可能性比其他时候高出 50% 以上。另外，情感对创造力的影响还存在“延续效应”——一个人在某一天的情绪越积极，那么他在第二天，甚至第三天的创造性思维就越活跃。因此，特瑞莎·阿玛拜尔教授提出，企业管理者如果希望提高员工的创造力，一定要让员工在工作时有好的心情，一定要善待员工。这也是很多知识密集型公司对员工提供非常好的工作环境的原因。在苹果、微软、谷歌、脸书、英伟达等硅谷高科技公司里，公司不但提供免费的一日三餐，而且在员工的工作空间里还有许多免费的零食和饮料。员工上班往往也不需要打卡，许多公司还允许员工每周有几天可以居家远程工作，这一切的目标都是给员工一个好的工作环境和工作心情，以提高员工的创造力。

很多人固执地认为，那些创造力较强的人不好管理。事实上，这只是一种偏见。特瑞莎·阿玛拜尔教授在研究中发现，创造力强的人更容易被管理，因为这些人往往更热爱自己的工作，他们会主动工作，很少出现“摸鱼”的情况。创造力强的人往往会对自己的工作提出非常高的要求，但这同时也给他们造成了很大的压力。

通过研究 12000 篇日记，特瑞莎·阿玛拜尔教授还发现，在时间压力较高的情况下，人们的工作效率会相应提高。人们在这一阶段倾向于完成那些重要、紧急但缺乏创造力的事项。而在时间压力处于中等偏低的情况下，人们的创造力最强，最容易提出具有创造性的想法和工作思路。此外，人们在独处时的创造能力更强。此外，特瑞莎·阿玛拜尔教授还发现了进展原则，即员工在有意义的工作中取得很小的进展也能促进其积极情绪的生发。但同时她又发现，工作中的小挫折也能导致消极情绪且其影响更大。

基于以上研究发现，特瑞莎·阿玛拜尔教授建议，应该给予员工适当的独立的个人空间和时间，让他们专注于激发自己的创造力和活力。对于从事创意工作的员工来说，最佳的工作状态可能是小范围合作，既可以独处，又可以在交流中碰撞火花。

最后，特瑞莎·阿玛拜尔教授就领导者如何促进员工的创造力提出建议：设定清晰的目标，给一定的自由，提供充足的资源，提供足够的时间，提供工作上的帮助，等等。

三心二意或许并非坏事

在“如何提高员工创造力”这个关键领域，还有一个非常有意思的研究成果不可不提——三心二意或许并非坏事。对于广大家长和孩子来说，这是一个非常值得了解的研究成果。这个研究成果于2017年发表在组织行为学的全球顶级期刊《组织行为与人类决策进程》（*Organizational Behavior and Human Decision Processes*），作者是哥伦比亚大学商学院的陆冠南与其团队。在第六章里我介绍过陆冠南和他的研究，他是我在哥伦比亚大学商学院的师弟，现在MIT任教，是一位非常优秀的商学院教授。

这个实验的参与者是126个美国成年人，他们通过在线形式参与了这个实验。每个参与者都被要求解决两个多用途的创造力任务，即被试需要想出一个日常用品的各种创新用途（例如：牙签有哪些用途？砖块有哪些用途？）。这些实验参与者被随机分为3组：连续切换任务组、自由切换任务组、中点切换任务组。在连续切换任务组，计算机系统会经常提示实验参与者切换任务；相反，在自由切换任务组，实验参与者自由决定是否切换任务和何时切换任务；最后，在中点切换任务组，计算机系统要求实验参与者在某任务进行到一半时切换到另外一个任务（他们只有这一次切换任务的机会）。

在所有参与者完成这两个创造力任务后，我们一起来看看各组实验参与者各切换了多少次任务：在连续切换任务组，被试在两个任务之间平均切换了17.89次；在自由切换任务组，被试在两个任务之间平均切换了7.55次；最后，在中点切换任务组，被试在两个任务之间只切换了1次。显然，不同实验组的被试在两个任务之间的切换次数显著不同。

最后，让我们一起来看看任务切换次数究竟如何影响被试的创造力表现。4 个独立评委对每个参与者列出的每条用途进行评分。实验结果显示：与自由切换任务组和重点切换任务组相比，连续切换任务组被试的创造力平均得分明显更高，其差异在统计上是显著的。这说明多次切换任务可以提高人们的创造力。

陆冠南及其团队的这个研究成果对我们如何提高创造力有非常大的启发。我们往往认为“一心一意”才能帮助我们在各种学习或工作中取得更好的结果。然而，这个研究告诉我们，在创新过程中，或许“三心二意”比“一心一意”效果更好。之所以这样，其背后的原因是“三心二意”地进行任务切换可以降低我们的认知固着（cognitive fixation），从而提高我们的思维灵活性和创新性。其实，当人们一心一意地研究某个难题时，往往容易走入死胡同而不自知，结果导致在错误的路上越走越远；而这时通过切换任务转变思路，或许会收获“柳暗花明”的惊喜。

柯达胶卷的思维定式

柯达公司曾是全球胶卷行业的领导者。柯达公司由胶卷发明人乔治·伊斯曼（George Eastman）于 1880 年创立，是全世界最知名的胶卷品牌之一，曾经与可口可乐、麦当劳一起被视为美国最具代表性的品牌。在鼎盛时期，柯达公司在全球雇用了 14.5 万名员工，1997 年 2 月，柯达公司的市值高达 310 亿美元。

然而，2012 年 1 月，百年品牌柯达却在美国提交了破产保护申请。很多人认为柯达公司是被竞争对手发明的数码相机技术淘汰的。然而，事实上，第一个发明数码相机技术的企业正是柯达自己。1975 年，年仅 24 岁的柯达工程师史蒂芬·沙森（Steven Sasson）发明了世界上第一台数码相机。

那么，柯达既然第一个发明了数码相机技术，为什么不把它做好，反而最后被其他公司打败了呢？原因就是柯达领导人当时的思维定式。在柯达当时的企业领导人眼里，数码相机技术不值钱，因为数码相机是一次性购买就可以使用多年的产品，胶卷则需要消费者每个月甚至每个星期重复购买。从企业赚钱的角度来看，胶卷显然远远好于数码相机，这就导致柯达公司当时并不重视自己发明的数码相机技术。然而，等到别的竞争对手也研发出数码相机技术并在市场上推广时，柯达公司已经来不及转型并追赶上竞争对手了，最后不得不走上申请破产保护的道路。

可以说，柯达公司的失败不是因为技术落后，而是源于柯达公司的思维定式：用衡量胶卷的标准来评估数码技术，用管理化学工厂的方式运营科技公司。在这种思维定式的影响下，柯达公司在熟悉的痛苦和未知的恐惧之间选择了前者，最终走向了衰落。

柯达并非是唯一受到思维定式影响而倒下的企业。类似的思维定式影响，导致包括摩托罗拉、诺基亚、爱多 VCD、凯立德导航仪、汉王电纸书等在内的许多国内外著名品牌轰然倒塌或者黯然失色。确实，思维定式是企业前进路上看不见的敌人。很多企业在成功之后，习惯以过去的成功经验来看待未来的发展，殊不知这种思维定式也会固化企业领导者的思维，限制企业员工的创造力，甚至妨碍企业的成功和成长。这是每一个创业者和企业家都要时刻警惕的，也是我们每个人在生活中都要警惕的。

黄仁勋：从经常被霸凌的移民孩子，到 AI 时代的芯片教父

在人工智能浪潮席卷全球的今天，有一位华裔企业家凭借非凡的远见和创造力，为这场技术革命打造了最强大的引擎，他就是英伟达（NVIDIA）创始人兼 CEO 黄仁勋。从图形处理到人工智能计算，黄仁勋带领英伟达一次次突破技术边界，重新定义了现代计算的未来。他不仅带领公司从一家初创企业成长为全球市值最高的半导体巨头，更以超前的战略眼光推动了人工智能（AI）、高性能计算（HPC）和图形技术的革命。

截至 2025 年 6 月 6 日，英伟达市值高达 3.5 万亿美元，成为全球市值第二高的公司，超过苹果公司 3.0 万亿美元的市值！黄仁勋也以惊人的上千亿美元身家跻身全球富豪榜前十，被誉为“AI 时代最具影响力的技术领袖”。然而，他的成功绝非偶然，他的成功是一场持续 30 年的技术创新、商业冒险和行业传奇，从中国台湾移民到美国，从工程师到科技领袖，从游戏显卡到 AI 计算霸主，黄仁勋的故事充满了远见、冒险和永不停歇的创新精神。下面，让我们一起看看黄仁勋的故事。

1963 年 2 月 17 日，黄仁勋出生于中国台湾省台南市的一个普通家庭，父亲是化学工程师，母亲是家庭主妇。在他 5 岁时，全家迁往泰国；由于泰国政治动荡，在他 9 岁时，他与哥哥被父母送往美国，就读于美国肯塔基州的一所寄宿学校，并暂时寄宿在舅舅的家中。由于语言不通和文化差异，这段经历对年幼的黄仁勋来说充满挑战，甚至在学校期间他曾遭遇校园霸凌。然而，正是这段艰难的成长经历，塑造了他坚韧不拔的性格和极强的适应能力。

1973 年，黄仁勋与家人正式移居美国俄勒冈州，进入正规学校接受教育。16 岁，黄仁勋考上俄勒冈州立大学电子工程专业。1984 年，黄仁勋从俄勒冈州立大学获得电气工程学士学位后，又进入斯坦福大学攻读硕士学位。在斯坦福学习期间，他接触到了当时最前沿的计算机架构和半导体技术，不仅深入研究了计算机科学，还开始关注人工智能和计算机视觉领域，很快地，他就意识到计算能力的提升将彻底改变世界。

毕业后，黄仁勋先在 AMD 公司担任工程师，他因此积累了丰富的芯片设计经验，并开始对计算机图形学产生浓厚兴趣。1985 年，他跳槽至 LSI Logic 公司，从设计部门转至销售部门，最终成为集成芯片部门总经理。这段经历让他学会了如何将产品设计与市场相结合，为他后来的创业之路积累了宝贵的经验。

1993 年，黄仁勋与两位好友克里斯·马拉科夫斯基（Chris Malachowsky）和柯蒂斯·普里姆（Curtis Priem）共同创立了英伟达公司。公司名字英伟达源自拉丁语“invidia”（羡慕），寓意“让竞争对手羡慕的技术”。

英伟达公司创业初期条件极其艰苦，三位联合创始人的办公室位于加州森尼韦尔一家名为丹尼的快餐店，这是一家美式连锁快餐厅，以便宜、热量高、管饱著称，黄仁勋还曾做过这家餐厅的服务员。这家快餐店里夏天酷热难耐，冬天寒风刺骨。黄仁勋后来回忆道：“我们当时只有 3 个人，竞争对手有 20 多家，没人看好我们。”三个人在这里进行了多次会面，但当注意到前窗上的弹孔时，他们才意识到高速公路旁边的这家快餐店应该不是理想的办公室，后来他们搬到了联排别墅中。

1995 年，英伟达推出首款产品 NV1，但由于其采用了非主流的四边形渲染技术，而非行业标准的三角形渲染，导致市场反应冷淡，公司濒临破产。面对危机，黄仁勋做出了一个关键决策：彻底放弃现有架构，转向行业标准。他带领团队夜以继日地研发新芯片，最终在 1997 年推出 RIVA 128。该芯片凭借高性能和兼容性一举成功，挽救了公司。

1999 年，英伟达推出 GPU——GeForce 256，这是世界上第一款被正式称为 GPU（Graphics Processing Unit，图形处理器）的芯片，黄仁勋在发布会上自豪地宣布："GPU 将成为计算机的第二个大脑。" GeForce 256 的革命性在于，它不仅加速了 3D 图形渲染，还首次引入了可编程着色器（shader），使 GPU 能够执行更复杂的计算任务。这一创新为后来的通用 GPU 计算（GPGPU）奠定了基础，并最终推动了 AI 计算的爆发。

2006 年，黄仁勋做出了英伟达历史上最具前瞻性的决策之一，推出 CUDA（Compute Unified Device Architecture）平台，CUDA 允许开发者利用 GPU 进行通用计算，而不仅仅是图形渲染。CUDA 是一种并行计算平台和编程模型，包含 CUDA 指令集架构及 GPU 内部的并行计算引擎，和以前使用矢量计算单位渲染的做法不同，这个架构能够把一个矢量单位拆成多个标量计算渲染单位，更适合通用计算。

当时，这一决策遭到许多质疑。投资者认为 GPU 就是用来玩游戏的，为什么要做科学计算，但黄仁勋坚信，GPU 的并行计算能力将改变整个计算机行业。事实证明，黄仁勋是对的，CUDA 迅速被科研机构和超级计算中心采用，用于气候模拟、基因测序、物理仿真等高性能计算任务。

2012 年，深度学习三巨头——杰弗里·辛顿（Geoffrey Hinton）、杨立昆（Yann LeCun）和约书亚·本吉奥（Yoshua Bengio）开发了深度卷积神经网络 AlexNet，并在 ImageNet 竞赛中取得了压倒性的成功。AlexNet 的成功得益于英伟达 GPU 的高效计算能力。杰弗里·辛顿团队使用了两个 NVIDIA GTX 580 GPU，通过并行计算显著提高了模型的训练速度和效率。这一突破标志着 AI 革命的开始。

黄仁勋敏锐地意识到 GPU 将成为 AI 计算的基石，他立即调整公司战略，将 AI 计算作为核心发展方向。

2016 年，英伟达推出专为深度学习设计的 Tesla P100 芯片，搭载革命性的 Tensor Core 架构，这使得 AI 训练速度比传统 CPU 提升数十倍，全球 AI 实验室纷纷采用英伟达 GPU，训练出 ChatGPT、AlphaGo 等颠覆性的 AI 模型。在黄仁勋的领导下，英伟达的 GPU 架构不断迭代，推动 AI 算力呈指数级增长。

2021 年，黄仁勋宣布并推广 Omniverse 平台构建工业级元宇宙，标志着英伟达在元宇宙领域的重大布局。Omniverse 是一个基于实时 3D 设计协作的虚拟环境，旨在通过整合图形、AI、模拟和可扩展计算技术，为工程师、设计师和研究人员提供一个共享的虚拟世界。宝马、爱立信等企业利用 Omniverse 进行数字孪生（Digital Twin）仿真，优化生产线和产品设计。

2023 年，英伟达推出 DRIVE 平台。DRIVE 平台是其在自动驾驶领域的重要技术成果，广泛应用于特斯拉、奔驰等汽车企业的自动驾驶系统。该平台不仅为自动驾驶汽车提供了强大的计算能力，还支持实时环境感知和决策，从而推动了自动驾驶技术的发展。后来英伟达推出的 Isaac 机器人平台，是英伟达在机器人领域的又一重要布局，旨在为开发者提供一个功能强大的端到端平台，用于 AI 机器人的开发、仿真和部署，该平台推动了工业自动化发展。黄仁勋还宣称“AI+ 量子计算”将是下一个颠覆性技术，此前英伟达已在量子领域布局。

如今，60 岁的黄仁勋依然保持着创业初期的激情，每天工作 16 小时，亲自参与产品设计。从游戏显卡到 AI 计算，从濒临破产到 3.5 万亿美元市值，黄仁勋用 30 年时间证明，真正的创新者不仅能看到未来，更有勇气将其实现。

在科技发展的长河中，总有一些人能够突破想象的桎梏，用创新重新定义可能，黄仁勋就是这样一位划时代的开拓者。从最初那个被霸凌的移民孩子，到在快餐店楼上办公的创业者，再到今天引领全球 AI 革命的科技巨头，黄仁勋和英伟达的成长轨迹完美诠释了远见与坚持的力量。

黄仁勋的伟大之处，不仅在于他预见了 GPU 的无限可能，更在于他用 30 年如一日的坚持，将这种可能变成了现实。当 ChatGPT 改变人类获取知识的方式，当自动驾驶重塑城市交通，当数字孪生优化工业生产，这些改变世界的技术背后都有黄仁勋和英伟达提供的算力支撑。

如今，站在 AI 革命的潮头，黄仁勋的故事仍在继续。这位芯片教父的创新脚步不会停止，他仍在用自己的创造力书写属于这个时代的科技传奇。

本章小结

从特瑞莎·阿玛拜尔教授的拼贴画创作实验，到肯尼斯·麦格劳和约翰·麦卡勒斯两位教授的水罐实验，抑或柯达公司破产的故事，以及黄仁勋带领英伟达成为世界芯片巨头的传奇，我们都能清晰地发现创造力的产生是动态的过程，它由个体能力、动机与环境共同塑造。外在奖励、条件约束、时间限制等因素都会抑制创造力的产生。

仔细观察那些有创造力的人，我们不难发现，他们无一不是善于观察生活，将生活中的经验应用于专业的人，他们还善于打破思维的界限，创造出全新的事物：鲁班因受到叶片边缘形状的启发而发明锯子；多普勒根据蝙蝠的“回声定位”能力发明雷达；科学家根据萤火虫的发光原理设计出了冷光灯……无数例子都表明，创造力不仅来源于想象力，而且离不开对生活的深刻洞察。

爱迪生曾说：“成功等于 1% 的灵感加上 99% 的汗水。”许多有关创造力的研究表明，很多被誉为天才或杰出者的人不仅有非凡独特的灵感，而且有着坚韧不拔的毅力和献身精神。创造需要付出艰苦的努力，这也意味着创造力可以通过努力获得提高。

参考文献

1. 陈辉辉，郑毓煌. 创造力：情境影响因素综述及研究展望 [J]. 营销科学学报，2015，11（2）：51-68.
2. 陈辉辉，郑毓煌. 多样性促进创造力 [J]. 营销科学学报，2016，12（3）：130-138.
3. AMABILE T M. Effects of external evaluation on artistic creativity[J]. Journal of Personality and Social Psychology, 1979, 37(2): 221-233.
4. FÖRSTER J. GLOMOsys: The how and why of global and local processing[J]. Current Directions in Psychological Science, 2012, 21(1): 15-19.
5. FÖRSTER J, FRIEDMAN R S, LIBERMAN, N.Temporal construal effects on abstract and concrete thinking: Consequences for insight and creative cognition[J]. Journal of Personality and Social Psychology, 2004, 87(2): 177-189.
6. FRIEDMAN R S, FÖRSTER J. The effects of approach and avoidance motor actions on the elements of creative insight[J]. Journal of Personality and Social Psychology, 2000, 79(4): 477-492.

7. GODART F C, MADDUX W W, SHIPILOV A V, et al. Fashion with a foreign flair: Professional experiences abroad facilitate the creative innovations of organizations[J]. Academy of Management Journal, 2015, 58(1): 195-220.
8. HUANG L, GINO F, GALINSKY A D. The highest form of intelligence: Sarcasm increases creativity for both expressers and recipients[J]. Organizational Behavior and Human Decision Processes, 2015, 131: 162-177.
9. LU J G, AKINOLA M, MASON M F. "Switching On" creativity: Task switching can increase creativity by reducing cognitive fixation[J]. Organizational Behavior and Human Decision Processes, 2017, 139: 63-75.
10. LU J G, HAFENBRACK A C, EASTWICK P W, et al. "Going out" of the box: Close intercultural friendships and romantic relationships spark creativity, workplace innovation, and entrepreneurship[J]. Journal of Applied Psychology, 2017, 102(7): 1091-1108.
11. MARKMAN K D, LINDBERG M J, KRAY L J, et al. Implications of counterfactual structure for creative generation and analytical problem solving[J]. Personality and Social Psychology Bulletin, 2007, 33(3): 312-324.
12. MADDUX W W, ADAM H, GALINSKY A D. When in Rome...

Learn why the Romans do what they do: How multicultural learning experiences facilitate creativity[J]. Personality and Social Psychology Bulletin, 2010, 36(6): 731-741.

13. MADDUX W W, GALINSKY A D. Cultural borders and mental barriers: The relationship between living abroad and creativity[J]. Journal of Personality and Social Psychology, 2009, 96(5): 1047-1061.

14. MADDUX W W, LEUNG A K-Y, CHIU C-Y, et al. Toward a more complete understanding of the link between multicultural experience and creativity[J]. American Psychologist, 2009, 64(2): 156-158.

15. MCGRAW K O, MCCULLERS J C. Evidence of a detrimental effect of extrinsic incentives on breaking a mental set[J]. Journal of Experimental Social Psychology, 1979, 15(3): 285-294.

16. MEHTA R, ZHU R, CHEEMA A. Is noise always bad? Exploring the effects of ambient noise on creative cognition[J]. Journal of Consumer Research, 2012, 39(4): 784-799.

17. SMITH S M.Fixation, incubation, and insight in memory and creative thinking[J]. The Creative Cognition Approach, 1995, 135-156.

18. STEIDLE A, WERTH L.Freedom from constraints: Darkness and dim illumination promote creativity[J]. Journal of Environmental Psychology, 2013, 35：67-80.

19. STEFFENS N K, GOCŁOWSKA M A, CRUWYS T, et al. How multiple social identities are related to creativity[J]. Personality and Social Psychology Bulletin, 2015, 41(1): 1-16.

20. TADMOR C T, GALINSKY A D, MADDUX W W.Getting the most out of living abroad: Biculturalism and integrative complexity as key drivers of creative and professional success[J]. Journal of Personality and Social Psychology, 2012, 103(3): 520-542.

21. VOHS K D, REDDEN J P, RAHINEL R. Physical order produces healthy choices, generosity, and conventionality, whereas disorder produces creativity[J]. Psychological Science, 2013, 24(9): 1860-1867.

22. ZHONG C-B, DIJKSTERHUIS A, GALINSKY A D.The merits of unconscious thought in creativity[J]. Psychological Science, 2008, 19(9): 912-918.

后　记

从 2025 年 3 月我在 MIT 的图书馆开始写《创造力》这本书，到 2025 年 6 月我在清华园完成书稿，短短 3 个月内，人工智能技术已经突飞猛进，得到了 *N* 次迭代。在今天这个人工智能时代，面对 ChatGPT 和 DeepSeek 等人工智能对手，我们不由要想：人类的竞争力在哪里？未来，我们最需要什么能力？答案就是创造力。创造力，就是人类最宝贵的、不可替代的核心竞争力。因此，我写《创造力》这本书的目的就是帮助更多人提高创造力，特别是帮助家长提高孩子的创造力。

然而，在当前的高考制度下，我国的中小学教育只重视刷题和考试，却忽略了对创造力的培养。即使到了大学，我们对高创造力人才的培养也表现不佳。2005 年著名的钱学森之问依然引人深思："为什么我们的学校总是培养不出杰出的科技创新人才？"而到了 2025 年 5 月 17 日，福耀科技大学校长、西安交通大学原校长王树国在搜狐科技年度论坛上的问题也同样振聋发聩："要是梁文锋继续读博士，还会有如今的 DeepSeek 吗？要是王兴兴继续读博士，还能诞生今天的宇树科技吗？要是汪滔继续读博士，还会有称霸全球的大疆吗？"这一连串的发问，如重锤一般，敲打着每一位关注中国教育和科技发展人士的内心。

因此，我真诚地希望，这本书能够帮助广大的家长和教育工作者了解如何培养孩子的创造力。例如，在中国传统文化中，人们总是非常喜欢整洁和有序。许多家长只要看到孩子的房间或者书桌非常乱，就会责骂孩子。然而，在本书第二章，我亲自做的“报纸实验”和“RAT 实验”，以及凯思琳·沃斯教授的“乒乓球实验”和“奶昔实验”都告诉我们，孩子房间或者书桌混乱或许并非坏事。因为，整洁有序的环境容易让人循规蹈矩和遵循传统，而混乱无序的环境反而能让人提高创造力，从而更容易打破传统和追求创新。

又如，很多老师和家长喜欢乖孩子。然而，本书第三章的研究成果告诉你，如果一个孩子平时不听话、不喜欢循规蹈矩，这或许并非坏事——这可能是孩子充满创造力的表现。因为创造力就是要打破常规，反对循规蹈矩。因此，如果孩子平时不听话或者不守规则，家长一定要善于引导，帮助孩子成长，而不是去扼杀孩子的创造力，把孩子培养成一个只会听话和循规蹈矩的螺丝钉。

再如，教育界有一个长期争论的话题：学生是否应该穿校服？穿统一的校服是否会降低学生的创造力？在本书第五章，我自己做的“校服实验”和“水果实验”都证明了，外在的多样性会激活内在的思维弹性并提高人们的创造力。当一个人被允许表达独特的自我时，他的大脑也会敢于打破常规思考模式。因此，家长和老师请记住，只要有可能，尽量少让孩子穿校服。

在孩子是否该出国留学的问题上，家长们也经常感到迷茫，不知道如何选择。在本书第六章，亚当·加林斯基教授和威廉·迈达克斯教授以及他们的同事所进行的实验告诉我们，异国学习和生活经历对培养创造力有着非常积极的促进作用。而且，去国外留学是在多元文化的碰撞下提高创新和创造力，是学会站在世界的角度看中国，而不是坐井观天。

最后，在这本书里，我不仅为大家介绍了创造力领域的诸多研究成果，同时也讲述了许多高创造力人才的故事，他们既包括牛顿、爱因斯坦、富兰克林、达尔文、居里夫人、爱迪生、特斯拉、莱特兄弟、图灵等人类历史上伟大的科学家或者创造者，也包括乔布斯、马斯克和黄仁勋等致力于技术创新的伟大企业家。我真诚地希望，这本书能够帮助中国在未来培养出像以上这些伟大科学家或企业家一样的具有高创造力的人才。那时候的中国一定会更加强大和更加美好！

让我们一起用创造力来创造更美好的中国和世界吧！

郑毓煌

2025 年 6 月

联合出版人

《创造力》一书能够顺利出版，要特别感谢以下每一位联合出版人的支持。首批联合出版人名单如下（按加入的时间顺序排名）：

1 湘女，三位書屋主理人

2 徐冀睿，浙江宁海人

3 高洁，信永中和工程管理有限公司合伙人

4 胡丽家

5 朱欢

6 杨荔，广东省江门市硕通医疗器械科技有限公司董事长

7 王朋珍，东莞早川电子有限公司总经理助理，日语同声传译

8 熊明霞，广东省江门市蓬江区隆盛纸业有限公司总经理

9 罗玄，香港英国保诚保险有限公司资深营业经理

10 吴欣洋，高盛达（福建）建筑装饰工程有限公司

11 邱莉玲，东莞市旭昇 / 柏洲公司财务总监

12 梁志仙

13 黄方，广州铭洋医药总经理

14 魏诗红，沧州市道恩教育培训学校校长

15 张杰，轻康枕品牌创始人

16 张姣，安吉卡贝隆家具有限公司创始人

17 胡青，鹏爱医美国际控股集团 COO

18 林琳琳，百家姓酒 CEO

19 闫洪云，山东鲁西兽药股份有限公司

20 吴桃英，空气压缩机系统产品 / 真空泵 / 鼓风机 / 制氮机供应商

21 张泽坤，高中生

22 曹海燕，杭州电子科技大学副教授

23 赵小东，北京鑫信诚税务师事务所所长

24 孙晓东，浙江得业电机科技有限公司董事长

25 柴俊杰，吉林森工代理，大都会人寿寿险规划师

26 董一珺，洛阳光谷赛考基地董事长

27 冯金益，Deckers Brands 中国事业部营运总监

28 郑立川，天津市阿迪立川科技有限公司

29 陈茂林，电动硅谷创始人，中国电动汽车百人会原国际中心主任

30 李帅，保研录创始人

31 樊秀娟，广西凯源建设有限公司创始人

32 王英，李校来啦深圳事业部英语规划师

33 蔡中平，李校来啦 AI 智能英语事业部负责人，郑老师成长圈 & 她力量 999 号上海学习中心合伙人

34 邓路，赣州生一文化传播有限公司负责人

35 王淦，四川省建筑设计研究院有限公司正高级工程师

36 王琳，雅之琳 / 半颗糖心理咨询公司创始人

37 刘秀英，江西省赣州市寻乌县文峰中小学教师

38 郭路涛，北京大迈科技有限公司创始人 & CEO

39 黄智慧，生活家

40 王建军，北京米川科技创始人

41 张睿娟，明森妍身心健康平台创始人

42 孙依服，南京市六合区舞台服装工作室

43 马名骏，英国伦敦大学学院

44 张敏，苏州彩蚕丝绸科技有限公司总经理

45 薛晓娟，陕西惠涓供应链科技有限公司负责人

46 陈国文，黔西南州福建商会

47 吉鉴勤，北京因纽特国际贸易有限公司董事长

48 梁亚真，广州海珠区前程陪跑咨询有限公司总经理

49 耿铁军，大连长兴岛高级中学教师

50 王道荣，视界美学（上海）策划设计有限公司创始人

51 张顺兴，福州护家锁业有限公司 CEO（专注锁艺 30 年、公益人）

52 周建飞，泰州眼视光眼科医院创始人

53 郑盛平，瀛和广州律所管委会主任、法学博士

54 魏欢，天霆技术转移服务（深圳）有限公司董事总经理

55 徐田武，英国锐捷生物科技有限公司

56 李宇，原湖南长沙东莞运城制版有限公司总经理

57 吴荣娟，深圳高校讲师资深留学规划师

58 朱生元，广州市白云区太和人民医院内科主治医师

59 杨晶，亨瑞移民和留学高级副总裁

60 邱芬田，德国 PM 细胞营养素国际 P 总裁

61 雷孝亭，北京大学房地产课题小组，车位专家

62 张施义，济宁康正源健康产业有限公司总经理

63 刘德明，江苏专创轻合金科技有限公司总经理

64 钟卫华，深圳市安歌人工智能科技有限公司董事长 /CEO

65 张文科，西安曼丁诺健康减肥公司总经理

66 秦术，GanoExcel 赤点中国区董事、联合创始人

67 杨冰，大连槐妮信靠祂力量

68 姚里凤，苏州市吴江丰华商贸有限责任公司创始人

69 傅艳贞，福州三角洲科技有限公司创始人

70 丑英，湖南沅力筑工程咨询有限公司董事长

71 柳爱青，青岛悦家医疗器械有限公司董事长

72 吴小典，广州舟达创始人

73 张耀匀（多友）

74 肖医生，融禾星球

75 伍志鹏，壹灵壹 ® 教育、优为特 ® 心理创始人

76 杨静，中科合肥创新院 CEP 中心

77 戴倩，深圳水贝万山，高端翡翠创始人

78 王苏，萨克斯女演奏家，教授，作家，创始人

79 李庆辉，渤海银行股份有限公司长春分行副行长

80 周娜，国家级制造业单项冠军示范企业，中际联合 SH605305 研究院

81 慧汝老师，新加坡慧汝生命价值文化创始人

82 章燕，永兴恩光教育

83 贾小燕，上海神墨教育校长

84 李兵兵，福州光术医美创始人

85 新域创业商学院

86 卢挺，聚变星云集团创始人兼 CEO

87 王欢，某外企市场营销负责人

88 解牛，管理人员

89 王毅，北京小黄象食品科技有限公司

90 吴端，四川帝晖律师事务所副主任

91 陈碧雅，汕尾雅泰隆食品有限公司董事长

92 姜明潮，大连龙脉科技开发有限公司总经理

93 吴晓玲，爱学伴英语教育

94 董文忠，金燕投资有限公司创始人

95 李翠珍，安徽尚赢人力资源管理有限公司创始人

96 徐旭梅，做实体零售生意 30 年

97 八宝周，镜像案例库，什间瓦（苏州）文化科技有限公司创始人兼董事长

98 严起稳，闽民一夫

99 史蓓蓓，济南市小海龟教育执行校长

100 朱冬林，航业同道（HyTd）管理咨询/NQMS 咨询合伙人

101 肖潇 Sally，肖潇英文阅读品牌创始人，专注少儿英语学能提升规划

102 李亚荣

103 郑智博，陕西金色科技有限公司联合创始人

104 何雅君，运城市盐湖区美丽康虹科技服务有限公司

105 王培杰，钱塘红曲守艺人

106 孙旭强，爱朗 | 慧才苑创始人

107 张检红，广东省惠勘建设工程有限责任公司

108 温迪，育有方家庭教育创始人，2–15 岁教育成长规划专家，新加坡低龄留学规划导师

109 向军，中国石油大学校友

110 李鳳玲，香港大班廊洋服有限公司董事长

欢迎更多朋友加入《创造力》联合出版人！关注微信公众号“郑毓煌”，即可加入书友群与作者郑毓煌教授交流，并向助教了解联合出版人详情。

十大金句

01 预测未来最好的方法就是去创造未来。

02 最伟大的创造，永远始于对未知的无畏拥抱。

03 当世界对你说“不”，或许正是创造力的开始。

04 真正的失败，就是太害怕失败。

05 灵感并不来自专注，而来自不同念头的不期而遇。

06 主动走进昏暗，才能发现内心真正的光芒。

07 蓝色是超越维度的颜色，是宇宙最本质的色调。

08 真正的创新者不仅能看到未来，更有勇气将其实现。

09 创造力像一株野草，在自由的阳光下生长，在评价的人造光线下枯萎。

10 人工智能让细节工作消失，而创造力是无可替代的能力。